男人，好好经营你的30几岁

你的定位决定了父母的晚年和孩子的起点

李雪 著

天津出版传媒集团
天津人民出版社

图书在版编目（CIP）数据

男人，好好经营你的30几岁 / 李雪著.--天津：天津人民出版社, 2017.3
ISBN 978-7-201-11514-6

Ⅰ.①男… Ⅱ.①李… Ⅲ.①男性—成功心理—通俗读物 Ⅳ.①B848.4-49

中国版本图书馆CIP数据核字（2017）第039681号

男人，好好经营你的30几岁
NANREN HAOHAO JINGYING NIDE SANSHI JISUI

出　　版　天津人民出版社
出 版 人　黄　沛
地　　址　天津市和平区西康路35号康岳大厦
邮政编码　300051
邮购电话　（022）23332469
网　　址　http://www.tjrmcbs.com
电子信箱　tjrmcbs@126.com

责任编辑　陈　烨
选题策划　李世正
特约编辑　5biao
内文设计　邱兴赛
封面设计　仙　境

制版印刷　北京华创印务有限公司
经　　销　新华书店
开　　本　880×1230毫米 1/32
印　　张　8.5
字　　数　100千字
版次印次　2017年3月第1版　2018年7月第2次印刷
定　　价　35.00元

前言 PREFACE

男人，三十而立。而立，意味着什么？意味着人性的成熟，意味着事业的起航，意味着家庭的和睦，同时也蕴含着许许多多人生的感悟，蕴藏着千千万万个崭新的希望。

有人说，三十几岁的男人只不过是一件成品，而四十几岁的男人才能称得上是一件精品。其实不然。处于而立之年的你，决定着自己的事业能否做得风生水起，决定着父母的晚年将要如何度过，决定着孩子的人生起点究竟是高还是低，决定着家人的生活是否能幸福美满，所以，这个年龄段已经不允许你不成熟。成熟并不是看你的年龄有多大，而是看你的肩膀究竟能挑起多重的担子，能担起多大的责任。为了自己，为了家人，此时此刻的你，务必要有一股向前冲的劲头，绝不停歇，也绝不放弃。

男人就像一瓶酒，存放的时间越长，香醇度就越高。或许，真的如此。二十多岁的男人似一瓶二锅头，具有超强的干劲及燃烧一切的势头；而三十多岁的男人却似一瓶茅台，入口柔和但余味深长，且后劲绝对不可估量。是的，处于而立之年的你，走过了三十多年的风雨，吃尽了无数苦头，遭受了伤痕累累，这些都只有自己最懂。自己苦，能换来父母的安逸，就不算苦；自己疼，能换来妻子儿女的幸福，就不算疼。再苦，也值得；再疼，也光荣。

男人，好好经营你的三十几岁。你眼前的每个当下，都是决定你未来5到10年的关键时刻。愿你志存高远，拼尽全力，纵横无限，终会赢得自己的一片天地。

目录

CONTENTS

第一章 三十几岁的男人，风物长宜放眼量

三十几岁的男人，困扰与烦恼同在，失望之中也蕴藏着希望。人生不如意者十之八九，在挫折与艰辛面前，要始终保持一种积极向上的人生态度，以博大的胸襟和非凡的气度去承载诸多不顺，在逆境中磨炼自我，不计较一时的成败与得失，“风物长宜放眼量”，去追寻一种长久的精神底蕴，去营造一种人生和事业相得益彰的美好局面。

CONTENTS

第二章 三十几岁的男人，朋友决定你的财富值

三十几岁的男人，在职场上打拼良久，经历了诸多磨砺，必然结交了一定数量的朋友。而朋友是一个人最大的谋生立世资源，你的朋友越多，你的财富值就会越大。

第三章 三十几岁的男人，良好的习惯是成功的基石

三十几岁的男人，要么事业发展得如日中天，要么事业正处于峰回路转处。在这个特殊的时期，你身上具备的良好习惯必然会推动你不断向前迈进；反之，若不积极克服自身存在的问题，不良习惯终会拖垮你前行的脚步。

第四章 三十几岁的男人，好心态是一种豁达的力量

三十几岁的男人，在竞争激烈的社会中谋生存，心灵被浮躁侵蚀在所难免，但只要时刻保持一份好心态，必然能够跨过各种沟壑，越过各种艰难险阻，历经坎坷之后付诸一笑，云卷云舒之时波澜不惊。

第五章 三十几岁的男人，事业有成是男人最好的标签

三十几岁的男人，一定要拥有属于自己的事业。因为事业是男人生存和发展的基础，是男人个人价值的最终体现，男人就是要为事业而生，为事业而战。没有事业的男人无力承担社会赋予的责任，无力挑起一个家庭的重担。为了担起社会和家庭赋予的双重责任，男人们一定要用事业来武装自己，用成功的事业为自己的家庭撑起一片天，为社会贡献出自己的一份力。

CONTENTS

第六章 三十几岁的男人，有担当是一种成熟的品质

三十几岁的男人，身上必然要有一种成熟的品质，即担当。担当不仅仅是一种责任，更是一种能力，一种难能可贵的能力；是一种力量，一种催人奋进的力量；是一种气概，一种不辱使命的气概。生命之重亦是生命之华，成大器者，必然有常人所不能承受之担当。正处于而立之年的你我他，必然要时刻牢记：有一种责任叫作担当。

第七章 三十几岁的男人，健康的身体是幸福的保障

三十几岁的男人，你的健康是家庭幸福的保障。你若爱你的家人，就先要爱自己的身体，健康的男人才能够给家人带来幸福和关爱。所以说，要想给你的家人最真挚的爱，首先要拥有健康的身体，如此才能尽心尽力赚钱养家，让家人的生活美满幸福。

第八章 三十几岁的男人，眼界决定你的境界

三十几岁的男人，若没有开阔的眼界，就绝对不会有崇高的境界，因为眼界决定了你的境界。所以，你要像雄鹰那样，志向高远，翱翔于万里长空之上！你只有站得更高，望得更远，使自己的眼界更开阔、境界更高远，才能更上一层楼。

附 录 三十几岁男人的修炼手册

C O N T E N T S

第一章

三十几岁的男人，风物长宜放眼量

三十几岁的男人，困扰与烦恼同在，失望之中也蕴藏着希望。人生不如意者十之八九，在挫折与艰辛面前，要始终保持一种积极向上的人生态度，以博大的胸襟和非凡的气度去承载诸多不顺，在逆境中磨炼自我，不计较一时的成败与得失，“风物长宜放眼量”，去追寻一种长久的精神底蕴，去营造一种人生和事业相得益彰的美好局面。

01

自信人生三百年，这样的男人最有魅力

自信，就像是一艘坚固的小船，载着你在一望无垠的大海上乘风破浪；自信，就像是一盏闪亮的明灯，引领你在黑暗迷茫中走向光明；自信，就像是一本厚重的书籍，助推你去品味人生的真谛。

什么样的男人最有魅力？三十几岁的男人怎样才算得上是有魅力呢？不止一个朋友问过我类似这样的问题。

其实，不管哪个年龄段的男人，他们的魅力都是于不经意间流露出来的。《论语·为政》中有云：“吾十有五而志于学，三十而立，四十而不惑。”三十几岁的男人，正是人格自立、学识自立、事业自立的时候，摆脱了青涩奔往成熟，褪去了洒脱走向稳重，一个转身便是新的开始……

在稚嫩与成熟、新与旧交接的时期，要想做个有魅力的男人，必须要用“自信”二字来武装自己。正所谓“自信人生三百年，会当击水三千里”，在绝大多数人看来，自信的男人是最有魅力的。

2014年4月18日，中科院院士李小文在中国科学院大学做讲座时，因光脚穿着布鞋的朴素形象被网友尊称为“布鞋院士”，获赞“一派仙风道骨”。有网友是这样评价他的：“一个沉默、不起眼的小角色，却有着惊人天分和盖世神功。”为什么看似“不修边幅”的他穿着一双布鞋走上讲台，却能够赢得一阵又一阵热烈的掌声和欢呼声呢？原因就在于我们的李小文院士在台上台下、台前台后都充满了自信。

那一场讲座对于台下的学生们来说，“听君一席话，胜读十年书”，但是身为国内遥感界泰斗级专家的李小文却认为，那只不过是他跟学生们的一次“闲谈”罢了，其实并无什么特别之处，所以他并没有做过多的铺垫或是准备，一上台便侃侃而谈，用他自己多年来勤勤恳恳做科研的亲身经历，用他几十年如一日钻研遥感技术的研究成果，用他举手投足之间散发出来的自信之光“普照”着祖国的“花朵”和未来遥感界的精英们。

自信，如一朵绚丽的花朵，能够带给人无限迷人的光彩。

“你可以轻视我们的年轻，我们会证明这是谁的时代。梦想，是注定孤独的旅行，路上少不了质疑和嘲笑，但，那又怎样？哪怕遍体鳞伤，也要活得漂亮。”

是谁，说出这么自信的话？

看过聚美优品《我为自己代言》广告的人想必都知道，说这话的是这个广告的绝对男一号，一个30岁左右就成为上市公司聚美优品CEO的“创一代”陈欧！

有人是这么评价陈欧的：“明星般的颜值，学霸型的大脑，金灿灿的海外名校背景，百亿计的个人不菲身价……”是的，在大家看来，大器早成的陈欧拥有着同时代人难以望其项背的成功，但是这份成功，完全来自于他扬于眉眼之间的自信。

他自信地一人分饰多角：作为美国纽交所史上最年轻的中国CEO，他托起了国内最大的垂直电商与跨境电商两大平台；作为明星式企业家，他不断地参加各种电视节目，在公众和消费者面前保持着阳光帅气的形象，为自己的企业代言，传递满满的正能量……

可是，大家都很好奇，学IT出身的陈欧怎么会投身于化妆品行业呢？除了因为这个行业的市场潜力发展巨大之外，更重要的一点是，陈欧具有超乎寻常的自信。

陈欧在做化妆品生意之前，一直都在IT业打拼，他的第一桶金也是从IT业掘到的。不过那是在国外，国外的创业环境跟国内的不一样，所以回到国内，陈欧在进行了一系列的调查、研究和分析之后，决定跨行做化妆品生意。其间，有人劝他说“做生不如做熟”，但是他坚信自己一定能够在一个新的领域里杀出一条血路。

果不其然，陈欧凭着超强的自信力，凭着十二分的热情和干劲儿，于2010年3月将中国首家专业女性团购网站聚美优品的雏形“团美网”正式推上线。之后他更是大展拳脚，于2010年9月9日将团美网更名为聚美优品，开始正式启用顶级域名。2011年3月，聚美优品公司成立不到一年，其总销售额就已经突破了1.5亿元。而聚美优品真正被推向化妆品电商顶峰的标志是陈欧自信满满地为自己公司代言，他发布的《我为自己代言》的广告迅速为聚美优品打响了国内、国际知名度。2014年5月16日，聚美优品在美国纽交所正式挂牌交易，市值超过35亿美元，而陈欧手上所持的股份市值超过了11亿美元。

或许你会说：“我没有李小文的睿智，没有陈欧的聪明，怎么可能会像他们那样那么自信、那么果敢呢？”

自信，其实就是一种信念，一种“相信自己行”的执念和确信，一种发自内心的自我肯定与相信，相信自己一定能够做成某件事，一定能够实现自我所追求的人生目标，实现自我的人生价值。对三十几岁的男人而言，不管是在事业上、人际交往中，还是在家庭生活中，自信都起着十分积极的推动作用。

身为一家之主心骨、一企之生力军的三十几岁的男子汉，只有吹响自信的号角，才能翱翔于蔚蓝的天空，深潜于浩瀚的海洋，穿梭于青山绿水间，听闻着鸟语花香，惬意而有魅力地活着。

02

三十几岁，你该为自己的形象负责了

个人形象是反映一个人内在修养的窗口。只有注重个人形象，选择契合个人气质和品位的服饰，才能提升个人魅力，成就个人事业，活出不一样的精彩。

虽说“爱美之心人皆有之”，但不可否认的是，男人和女人在个人形象的投入上，绝对是两个极端。

男人们说，受到高房价、高物价的冲击，生活成本如此之高，生活压力如此之大，要赚钱养家的我们哪里还有心思和时间去注意个人形象啊！可是女人们压力也很大啊，既要工作又要顾家，不仅要孝敬老人体贴丈夫，还要照顾孩子，但是绝大多数女人不管忙成什么样子，每天仍抽出一点儿时间来化个靓妆、穿套靓装什么的。为什么会出现这样的差异呢？在揭晓答案之前，我们先来看一位印度婆罗门的故事。

这位婆罗门享有很高的威望，受到很多人的爱戴，每天都会收到很多敬重他的人送来的礼物，他因此变得十分富有，自然地，其衣着品位也随着财富的增长而提升。

按照当地的风俗习惯，神圣的婆罗门出现在集市上，人们必然会给他送礼和行礼。

有一天，婆罗门突然心血来潮，把身上富有品位的华服换成了贫民老百姓的服装。当他穿着这身贫民才会穿的服装去到集市的时候，不但没有人给他送礼，更没有人向他行礼。

纳闷的婆罗门回家换上了一套华丽的服饰再次出现在集市上，结果每一个路过的人都向他行礼，给他送很多的礼物。

婆罗门有些沮丧——没想到自己的声望和地位竟然比不上一套华丽的服饰。于是，婆罗门把华服换了下来架在集市附近的一个圣坛上，他拜倒在这套华服跟前，口中念念有词：“噢，伟大的衣服啊，你比世界上其他所有东西都尊贵……”

或许大家会觉得这个故事有些夸张，但是我们不得不承认，“衣为人增色，人为衣之魂”，个人形象是一个人内在品质和修养的外部反映，着装是一种艺术，一种品位，提升个人形象、气质和魅力最简单直接的方法就是提高自己的衣着品位。

男人和女人对于爱美所存在的差异，最主要的原因在于个人的态度问题。

退一步讲，男人爱美可以不用像女人那样投入，但是若完全不注意个人形象，不努力提升着装品位，必然会被竞争激烈的社会浪潮击退，成为时代的落伍者。尤其是三十几岁的男人，家庭和事业都处于上升期，如果不精心修饰一下自己，让自己每天都精神奕奕、雄姿英发，怎么能够得到领导的器重，顾客的信任以及家人的崇拜呢？

个人形象是反映一个人内在修养的窗口。一套适合自己也适合场合的服饰，能够将自己的个人形象完美地塑造出来。它不仅能够体现你的审美观，同时也是你职业和身份的名片。

有位农民企业家穿着一套价格昂贵的西服出席记者招待会，但是脚上却穿着一双旅游鞋，现场的记者们都被他这奇特的服饰造型震撼了，纷纷举起相机将这极具趣味性的穿着拍摄下来，完全忽略了这位农民企业家其实有着十分传奇的创业经历，有着非同一般的人生历练。

着装诠释着一个人的生活品质，即使是事业成功的名人，如果随随便便搭配一套服饰就出门的话，也会被很多人视作一个普通得不能再普通的人，不会有人去注意他有着怎样的身份和地位，他到底做出了怎样出色的成绩，获得了怎样出色的成就。所以说，服饰的选择和搭配直接影响个人在公众视野中的形象，同时也直观地反映出个人的品位与涵养，直观地将个人的气质和形象烘托出来。

个人形象对于外界而言，是一种无声的语言，一个人不管从事何种职业，出入何种场合，人们从他的举止行为和着装行头就能读出许多有关他的信息，往往只须一眼，人们便能迅速地做出判断，他到底值不值得信任。

所以，三十几岁的你，不管是事业有成，还是事业正处于发展阶段，务必要对自己的形象负责；只有注重个人形象，选择契合个人气质和品位的服饰，才能提升个人魅力，活出不一样的精彩。

03

凡事应尽力而为，更应量力而行

凡事应尽力而为，更应量力而行。目标的设定不是越高越好，要切合自己的能力。只有循序渐进一步一步地提高，才能收获到更多的硕果。

三十而立的男人不少想成为像比尔·盖茨那样的超级大富豪，但并不是人人都有他那样的天分——13岁便会编程，不到20岁就写出BASIC语言，也不是人人都能够像他那样成为商业奇才——具有独特的眼光看到IT业的未来，具有独特的管理手段将微软公司打理得井井有条。

也有人想成为成龙那样红遍世界各个角落的超级大明星，但并不是人人都能如他那般有功夫，有耐力，不服老，不畏老，从年轻一直“打”到六十几岁还在继续。

也有人想成为莫言那样获得诺贝尔文学奖，为国为己争光的超级大作家，但并不是人人都有写作慧根和才华，即使有也不会如他那般埋头苦写数十年如一日。

凡事要量力而为。目标的设定不是越高越好，要切合自己的能力。

被誉为“灵魂歌者”的当红歌手云飞一直心系贫困山区的孩子们。2015 年 1 月，云飞一行带着各种物资前往甘南山区看望大山深处的贫困孩子们，没想到遭遇恶劣天气和路况而遇险情，坚定的意志加上好心人相助，才使得他的那次公益之行没有半途而废。

甘南地区主要以山区为主，不仅天气恶劣多变，山峦也十分陡峭，加上大雪纷飞路面到处结冰，云飞一行人从北京出发，在到达甘肃合作市时，鹅毛大雪一度挡住了他们的视线。尽管他们的车轮都装了防滑链，但车子还是不小心侧滑到路旁的一个水沟里。没承想，那时他们的手机又都没有信号，无法向外求援。尽管很多过路的同胞想要对云飞一行施以援手，但是毕竟他们不是专业的救援人员，云飞最后只能借用一位好心人的电话叫来了当地的交警帮忙拖车。

在解除这次险情之后，他们第二天又走了三个小时的雪路才抵达桑坝乡寺庙见到被资助的几个孩子。云飞本来还想进村给孤寡老人送些红包和物资，结果因为雪下得实在太大了，只能量力而行，让桑坝乡塞当寺的僧侣们代为转交。

对于热衷公益且不仅仅是简单的捐款的云飞，我们必须要给他点赞，但是不管是名人还是普通人，任何人投身于慈善公益事业都必须量力而行。

凡事应尽力而为，更应量力而行。很多时候，我们不能给自己定太高的目标，不能勉强自己往不擅长的领域发展，更不能强迫自己去做自己未必能够做到的事。我们每个人都要给自己定一个底线，并从那个底线开始慢慢地上升，不能急于求成，要循序渐进，一点一点地进步，一步一步地提高，如此这般，才能让自己收获到更多的硕果。

04

你能改变自己，
你就一定能改变环境

只有改变了环境，才能实现质变。环境不仅可以影响——甚至还可以决定或是改变——一个人的命运。只要我们能适应环境，就一定会有能力去改变环境，将被动化为主动，将不利化为有利。

有句话说：“伟人改变环境，能人利用环境，凡人适应环境，庸人不适应环境。”绝大多数人都能够适应环境，并且为了活得更精彩，都争着做能人。

适应了环境，也成功利用了环境之后，下一步是什么？自然是改变环境了。

2003 年，出生于美国的乔婉珊到秘鲁实习，那里的贫困面貌让她难受至极。当时她就下定决心要创办社会企业来改变落后地区的面貌。之后，乔婉珊从沃顿商学院毕业后考上了哈

佛大学，与来自香港地区的同学苏芷君一起到中国西南考察，找寻创办社会企业的项目。

乔婉珊和苏芷君在云南看到了牦牛，正巧又遇到了著名的探险家黄效文。黄效文告诉她们牦牛是中国特有的一种动物，牦牛的粗毛可以做帐篷和绳子，细毛可以做衣服和毯子，而牦牛奶可以做成酥油和奶茶，甚至牦牛的粪便都是很重要的资源。黄效文的这一番话让两个女孩找到了商机，她们决定办一个公司将牦牛身上的“宝贝”全部开发利用出来，帮助牧民脱离贫困。

很快，两个女孩回到美国之后便做出了牦牛创业计划，该计划赢得了 2006 年哈佛大学的商业计划奖金 5 万美元。当年 9 月，从哈佛大学毕业的两人便利用这 5 万美元的创业资金成立了 shokay 公司。

带着满腔的热情，乔婉珊和苏芷君开始了在中国西部艰难的创业历程。她们首先到云南山区挨家挨户去收购牦牛绒，一天奔波不少于 8 小时。由于那里交通十分不便，她们后来只能将收购点转移到了同样贫寒的青海。但是青海藏民抓绒的方式传统，抓到的牦牛绒混杂了很多牛毛。为此，两个女孩又对牧民进行技术培训，以便收购到高品质的牦牛绒。

收购到了一定量的牦牛绒之后，乔婉珊和苏芷君又马不停蹄地去找生产厂家合作染色、纺纱、编织。经过一年多的努力，在找了40多个厂家之后，她们终于找到了合适的厂家，纺出了较为理想的牦牛绒纱线,同时还制成了各种牦牛绒制品。就这样，两个哈佛女孩一步一个脚印，从哈佛走到云南，再从云南走到青海，然后扩散到全世界100多家店铺，改善了不少贫困牧民的生活，而她们也因此财富倍增、名声在外。

乔婉珊和苏芷君年纪轻轻就开创了牦牛制品王国，相比之下，三十几岁拼劲干劲都势不可挡的大男人，有理由示弱吗？

只要根据现实情况的变化去优化主观意识，发挥主观能动性，就不难用勤劳的双手改变不合己意的环境。

总而言之，人这一生离不开环境，环境不仅可以影响——甚至还可以决定或是改变——一个人的命运。只要我们能适应环境，就一定有能力去改变环境，将被动化为主动，将不利化为有利。

05

把握人生的尺度，才能缔造人生的胜局

尺在心中，量人也可以量己；尺在身内，量得也可以量失。心无边而行有度，把握好一定的尺度，才能进有招、退有术，让自己赢得漂亮、活得精彩，更好地掌控自身命运，长久立于不败之地。

每个人心中都有一把尺子。有人说这把尺子叫作“比较”，比一比得与失，比一比成与败，也比一比喜与悲；有人说这把尺子叫作“规范”，规一规什么可以为，什么不可以为；也有人说这把尺子叫作“分寸”，为人处世要有分寸，要把握好尺度。

尺度是一种“人生语言”，也是一种“社交礼仪”。做事如果没有分寸、没有尺度的话，做人如果没有原则、没有底线的话，极易铸成大错。

有个年轻的会计师朋友爱上了本事务所的一个秘书小姐，在成功俘获她的芳心之后喜结连理。本以为从此能过上幸福快乐的日子，可是没想到的是，他的娇妻是个不折不扣的“拜金女”。

蜜月旅行，他的妻子嚷着去了欧洲几大国，旅行途中更是出手大方，买了奢侈品包包，买了世界名表，还买了一大堆顶尖品牌的护肤品、化妆品。

如果会计师生于大富大贵之家、经济实力雄厚的话，又或者年薪数百万的话，他的妻子如此消费，他也支付得起。不过可惜的是，他的双亲还住在乡下的平房里，他跟妻子每个月的工资加起来也不过一万多元，加上他们结婚前首付买房、买车还欠了家里的亲戚不少钱，婚后光是报团去欧洲旅行就花去了三四万元。哪里还有多余的钱让他的妻子如此奢侈地消费。果不其然，一趟蜜月旅行回来，夫妻二人的信用卡都刷爆了，下一个月的房贷、车贷拉起了警报。这样的生活，他要怎么过下去？

不过他还算是幸运的，起码有我们这些朋友资助，让他暂时渡过了这个难关。我们都以为受到了这次教训，他的妻子会掂量一下自己的消费水平和消费能力，不该追求的奢侈生活不会再去迷恋了，谁知，她还是大手大脚花钱，包包是买了一个又一个，金银珠宝首饰也是买了一样又一样，信用卡是刷爆了一张又一张。

为了满足妻子不可遏制的奢侈消费，为了能够及时填补上信用卡所欠的款项，身为会计的他开始一次又一次地做假账亏空公款。起初他还只是三两万元地“拿”，后来随着妻子消费欲望的日益膨胀，他竟然十几万、几十万元地“拿”。结果，东窗事发，他锒铛入狱，事业一败涂地，家庭支离破碎，人生也从此多了无法抹去的污点。

没有尺度的世界，是混乱的世界；没有原则的自我，是懦弱的自我；没有底线的人生，将会是徒劳的一生。人生之尺无处不在，长短也不一，人生有尺，社会才会有度，生活才会往美好的方向发展，世界也才会应心中尺度的放宽而变得和谐美丽。

我们做任何事都要坚持适度原则，把握一定的分寸和尺度，方能赢得幸福的生活和取得事业的成功。

不知道大家有没有听说过蹼鼠这种动物，它们生活在人烟稀少干旱得厉害的澳大利亚西北部，它们有一个习惯，就是从来不在野外吃果实，就算旱季时种子漫山遍野，它们饿得两眼昏花也不会立刻把眼前的种子吃掉，而是会把那些种子搬回到自己所居住的树洞放上一段时间，等种子吸饱了水分变得柔软了，它们才慢慢地享用美食。因为如果它们在种子还未吸饱水分时就像澳大利亚的其他动物那样大吃特吃的话，之后会因缺水而死。

蹼鼠跟澳大利亚的其他动物相比，个头有些微小，智商也未必是最高的，但是它们在我们人类眼中，却是超级偶像！因为它们处世有度，面对满山可口的美食都不为所动；因为它们明白：万事须讲分寸，率性而为不可取，急于求成事不成。

把握分寸是一种淡然的态度，是一种智者的行为。心无边而行有度，把握好一定的尺度，才能进有招、退有术，让自己赢得漂亮、活得精彩，让自己更好地掌控自身命运，长久立于不败之地。

尺在心中，量人也可以量己；尺在身内，量得也可以量失。不管是做人还是做事，不管是对人还是对事，都务必要注意把握人生尺度，以此缔造人生胜局。

06

放弃自己该放弃的，坚持自己该坚持的

放弃是一种智慧，坚持是一种韧性。放弃该放弃的是一种豁达，坚持该坚持的是一种聪慧。只有放弃自己该放弃的，坚持自己该坚持的，才能得到自己想要得到的。

有人说，人生最遗憾的莫过于轻易地放弃了自己不该放弃的。是的，不该放弃的，不管遭遇多大的困难，也一定要坚持到底，可是，该放弃的呢？

比尔·盖茨在哈佛大学读大二时迷上了计算机编程，于是邀请志同道合的美国青年科莱特跟自己一起退学去开发 Bit 财务软件，科莱特最终决定坚持学业，而比尔·盖茨选择放弃学业去搞软件开发，结果他开创了微软帝国。

20世纪最伟大的魔术师大卫·科波菲尔，从小就不是读书的料，学习成绩实在是太差了，同学们都不喜欢跟他玩，大家都觉得以他那样烂的成绩，将来肯定一无所成。

大卫·科波菲尔尝试着发愤图强，尝试着刻苦钻研，可是结果还是不尽如人意。后来，在父亲的鼓励下，向来喜欢看木偶戏、喜欢表演的他决定往艺术界发展，去了纽约入读非常有名的塔能魔法学校，经过勤学苦练，最终创造了自己的魔幻人生。

有舍才有得。有些东西，你握在手上并无多大的价值，还不如赶紧舍弃，腾出一双手来去把握一些有意义的、有价值的也适合自己的东西；有些事情，你记在心里会让自己更难过，还不如趁早忘了，腾出空间来装载快乐的记忆；有些人，你捧在手心，但是人家却拿你当傻瓜，还不如及早转身离开，去寻找懂得疼惜你、爱护你的人。

放弃其实是一种智慧，坚持其实是一种韧性。放弃该放弃的是一种豁达，坚持该坚持的是一种聪慧。

世界上不可能事事如意，不放弃一些东西，怎么能够有足够的精力去追求拥有一些值得追求拥有的东西呢？

在全世界影迷心目中，克里斯多夫·李维是一个全民偶像，是一个能够拯救万民于水火之中的超级英雄，因为他成功地在电影《超人》中塑造了一个大英雄的形象。

不幸的是，在人们对克里斯多夫·李维推崇备至之时，他于一场马术比赛中从马背上摔下，致使脊椎严重受伤，脖子以下的部位全部失去知觉，余生只能在轮椅上度日。可想而知，克里斯多夫·李维当时所面临的痛苦是多么难以言表啊。过惯了鲜花簇拥的日子，受惯了万千影迷的敬仰，忽然之间围绕在他身旁的所有闪光灯都灭掉了，他简直就不想活了！幸好妻子戴娜对他不离不弃，鼓励他坚强地面对磨难。在他渐渐恢复自信和勇气而决定好好地活下去之时，又一大难题挡在了他面前。

克里斯多夫·李维对演艺事业无比钟爱，他不想因为一场意外而中断自己的演员路，他希望自己有一天能够在银幕上再度发光发热。可是，对于重度瘫痪的他来说，还能饰演什么样的角色呢？

这个时候，他只能选择放弃。

克里斯多夫·李维放弃了做演员，但是依然坚持在演艺事业这条道路上行走下去——他去做了一个在轮椅上指点江山的导演。

真的是金子的话，在哪儿都会发光发亮的。做了导演的克里斯多夫·李维首次执导影片就获得了金球奖，人们所敬仰的那个“超人”又回来了。

人生之路便是如此。没有哪一条路能够直接通往人生的目的地的，适当的时候，要学会转弯，学会绕路，有时甚至要放弃已走过的路，另觅前程出路。

有个朋友曾问我，三十几岁才决定换工作、换岗位、换行业，是不是太迟了？是不是太过冒险了？我是这么回答他的：放弃该放弃的是一种成长，坚持该坚持的是一种执着。

作为三十开外的男人，谁都想拥有幸福美满的稳定家庭和具有上升空间的蓬勃发展的事业，所以就要学会在放弃中成长，在坚持中秉承执着的信念，才能使自己走好、走稳、走对往后的人生路，才能将自己的家庭打理好、照顾好，将自己的事业理顺好和发展好。

07

加强自我的人生修养，提升自我的人生境界

只有不断地加强自我的人生修养，提升自我的人生境界，才能将自己推到一个制高点。处于三十几岁这个年龄段的人，更需要良好的人生修养促使自己形成优良的道德品质，去处理个人与社会的关系，去实现自我的人生价值和社会价值。

印第安酋长说，上帝给了每个人一杯水，你从里面饮入生活。可是我个人觉得，其实上帝只不过是给了我们每个人一个空杯子而已，至于我们想往杯子里倒什么，那就是我们自己的事了。你选择往杯子里倒什么样的“水”，就说明你想要过什么样的生活，就注定了你的人生到底是广阔、美满的，还是狭窄、残缺的，就注定了你的人生境界是高深、伟岸的，还是低矮、狭隘的。

我们生于一个道德社会，人人都要做一个讲文明守道德的人，但是人的道德又不是与生俱来的，是需要不断地往各自手中所持有的那个杯子里倒进各种各样的道德修养凝聚而成的。我们可以用一句话来概括个人修养、人品道德以及人生境界三者之间的关系，即一个人修养的深与浅，直接关系到他的人品道德的优与劣，以及他所能达到的人生境界的高与低。

2004年的印尼海啸是一次毁灭性的海啸，当时引起了国际社会的普遍关注，也收到了来自四面八方给予的支援。功夫明星李连杰遭遇了那次海啸。从那次海啸中死里逃生之后，李连杰深深地感悟到武学的真谛就是仁爱，所以为了感恩，本着“人道、博爱、奉献”的红十字精神，秉承“全球一家人”的理念，他创办了以遭遇天灾伤害的弱势群体为资助目标的壹基金，从此开始了他在公益道路上的长期跋涉。之后，李连杰将拍戏之外的所有时间和精力都投入到了这个公益基金上，不遗余力地为各种天灾筹款。这让我们看到了一个不一样的李连杰，之前我们对李连杰的认识只定位在武打演员上，壹基金的创立，使我们看到了一个具有慈悲之心、仁爱之心的善心人士，人们对他的赞颂甚至高于他在电影界取得的成就。可以说，他不再单单只是一个享誉海内外的武打演员了，他的人生境界已然上升到一个慈善家的高度。

古罗马哲学家西塞罗说过：“修养之于身心，犹如食物之于身体。”李连杰之所以能从一个演员跃身成为一个大慈善家，完全是他的个人修养在起推动作用。只有不断地加强自我的人生修养，提升自我的人生境界，才能将自己推到一个制高点。

我们中华民族自古以来就特别注重个人修养，古人把“修身、齐家、治国、平天下”作为个人修养的最高境界。所以，加强自我的人生修养是我们短暂一生中所面临的最重要的一个课题。处于三十几岁年龄段的男人们，需要良好的人生修养促使自己形成优良的道德品质，去处理个人与社会的关系，去实现自我的人生价值和社会价值；需要将自我修养作为改变自己的工作处境、提高自己的生活质量以及追求高幸福指数的工具，不断强化个人的道德修养，提升自我的道德境界，追求一份高尚的道德情操，始终坚守至高的人生境界。

第二章

三十几岁的男人，朋友决定你的财富值

三十几岁的男人，在职场上打拼良久，经历了诸多磨砺，必然结交了一定数量的朋友。而朋友是一个人最大的谋生立世资源，你的朋友越多，你的财富值就会越大。

01

你的朋友越多，你的财富值就会越大

朋友是一个人最大的资源，朋友的多与少决定了一个人财富值的高与低。你的朋友越多，你的财富值就会越大。因为你的朋友多了，你的价值领域自然就会提升。

俗话说得好：“你的朋友越多，你的财富值就会越大。”真的是这样吗？我们先来看两个例子。

周华健如今已是乐坛导师级人物，不过，大家似乎并不知道，他和“音乐教父”李宗盛曾经亦师亦友。当年还未成名的周华健，只是在李宗盛身边帮他做和音而已。李宗盛十分欣赏周华健的歌唱实力，所以鼓励他、提携他、引荐他，最终助他登上了知名歌手榜。

大家都很好奇，曾任北京外国语大学阿拉伯语系教师的何炅，怎么会成为我国著名的电视节目主持人呢？这得感谢一个人，那就是中央电视台的主持人“金龟子”刘纯燕。当年，何炅受邀跟刘纯燕在《综艺大观》中表演小品《女性热线》，两人于是相识并成为好朋友。后来在刘纯燕的引荐下，何炅得以与刘纯燕一同主持中央电视台《大风车》节目中的《聪明屋》栏目，何炅的主持人生涯由此拉开了序幕。

任何人的成功都离不开他人的帮助。如果当年周华健没有遇上李宗盛，何炅也没有交到刘纯燕这个朋友，那么今天的他们，是否还会拥有如此辉煌的事业呢？不管答案是肯定的还是否定的，都无法抹杀掉身为老友的李宗盛和刘纯燕分别给予周华健和何炅的提携和帮助。

是的，你的朋友决定着你的发展前景。所以有人就说了，朋友绝对不怕多！朋友多了，那么你的价值领域自然而然就会提升了。

巴基斯坦壁球冠军艾哈迈德·卡塔克，18岁时作为体育特长生得到全额奖学金远赴美国耶鲁大学就读。他到了耶鲁大学想买一个手机给家人打电话报个平安，可是因为没有美国社保号码且又没有信用卡，所以拿不到手机服务合同。这事一直让他如鲠在喉。他暗暗在心底发誓，一定要改变这种现状。所以他在攻读电子工程和历史学位期间不断地研究美国手机行业的商业模式。

2007 年艾哈迈德·卡塔克去英国伦敦实习时，在伦敦机场一出海关就花 15 英镑在自动售货机上买到了一张当地的 SIM 卡，他当时就想，美国应该也可以这样吧？第二年，大学毕业的他觉得自己是时候出手做点儿什么以挑战美国的运营商了。不过刚毕业的艾哈迈德·卡塔克手上并无太多的创业资金，但他拥有一帮知心朋友。他的牙医资助了他 50 万美元让他推出了电子商务网站 GSM Nation，以供消费者从这个网站买到未锁定运营商的手机作为通信工具。之后在艾哈迈德·卡塔克的努力推动下，GSM Nation 一发不可收拾，经营状况一天比一天好。

艾哈迈德·卡塔克用他的实际经历让我们再一次明白：一个人朋友的多与少决定了一个人财富值的高与低。

世界上最成功的推销员乔·吉拉德曾说过：“一个人一辈子至少有 250 个重要的朋友。”如果我们把这 250 个朋友照顾好的话，只要每一个朋友再帮我们介绍三五个好朋友的话，那么我们的好友少则过千，多则过万了。从这过千上万的朋友里找出能助自己成器成才的人，想必不会是一件太难的事。

我是“80后”，身边的朋友也都三十几岁，我们这个年纪，说老不老，说年轻又比不上二十几岁的小伙子，不过我们在职场上打拼也有一段时日了，也经历了一定的社会磨砺了，所以此时正是我们结交朋友、深挖财富的好时机。

所以，不管你是已有所成还是待有所成，是想稳坐现在的职位，还是想要有更大的发展空间，都必须要努力去增加你的朋友数量。要知道，朋友可是一个人最大的资源，我们的朋友越多，将来我们的财富值就可以积累得越多越高！

02

与朋友联系，
并不仅仅是打开微信朋友圈

与朋友联系，并不仅仅是打开你的微信朋友圈，你微信朋友圈里的那些知心朋友，相较于你的完整朋友规模，可以用四个字来形容，那就是“沧海一粟”。

有个朋友前段时间拿到了一个建材项目，他需要找一批建材供货商为他提供价格合理、质量不错的建材。他第一时间在微信朋友圈发布了这个信息，然后就坐等朋友圈里的朋友回复推荐。我问他：“你就这么坐等能找到合适的供货商吗？其实你可以翻翻手机通讯录名单，主动联系他们，说不定能更快地找到你想要的供货商呢。”

他跟我说：“朋友圈无所不能，我的微信朋友圈就是我的所有朋友。”然后我就反问他：“真的是这样的吗？你敢保

证你所认识的所有人都加了你的微信吗？你的客户、你的领导加了吗？”朋友想了想说：“嗯，可能还有‘漏网之鱼’。”

在还没有QQ、微博、微信这类可以通过网络直接进行语音、视频等类似于可以“面对面”交流的先进设备和工具时，在还没有普及电话网络时，我们更多的是通过写信或是发电报的方式跟朋友交流联系。那个时候，我们所建立的朋友友谊当然没有现在这么方便了。那个时候若是你遇到什么困难了，寄封信出去求助，或是打个电报过去求援，即使对方有心也有力帮你，也需要些时日。

而现在，若是你遇到什么困难了，在微博或是微信朋友圈里“吱”一声，四面八方的朋友都会通过各种方式给予你支援。所以很多人，像我那个朋友，包括我自己在内，都比较依赖微博或是微信朋友圈。心情不好的时候，在朋友圈里随口“说”一句，立马会收到无数朋友关切的回复；心情舒畅的时候，在朋友圈里晒一晒，也立马会有无数朋友点赞或是评论分享自己的快乐。但是，便捷的沟通软件工具，即时聊天工具上留存的这些所谓的“朋友”，是不是就包括了你的所有朋友呢？答案当然是否定的了。

那些你亮个头像、发一个表情过去就能给你回复一句问候的；那些你哭丧个脸发句牢骚，就会给你百句安慰的；那些长期栖身于你的各种即时聊天工具里，能逗你笑、会说暖心话温暖你的朋友，只不过是你全部朋友中的一部分而已。这个微信朋友圈里的很多人，或许可以陪你哭陪你笑，也可以购买你推销的产品，甚至还会给你传递一些资讯助你积累财富，但是如果将这个圈子里的人放到你整个朋友圈的话，往往是填不满的。你微信朋友圈里的那些知心朋友，相较于你的完整朋友规模，可以用四个字来形容，那就是“沧海一粟”。

“那么，除了微信朋友圈之外，我的朋友里到底还有哪些人呢？”朋友如是问我。

我的这个朋友之前在一家大建材公司做管理，于是我就问他：“你跟你前公司做采购、做销售的同事还有来往吗？”他想了想说：“有段时间没联系了，不过电话本里应该还留有他们的电话。”

我就又问他：“你之前做管理的时候，经常要应酬的吧，有没有收到一些名片呢？”朋友想了想说：“家里书房里，应该留有一大沓这些年陆陆续续收到的名片。”然后，不用我提醒，他也知道该怎么做了。

后来，我的这个朋友给做采购、做销售的旧同事打了几通电话,在留存的一大堆名片里筛选出一些可能有机会合作的，并一一打了电话过去，很快便找到了多个不管是价钱还是质量都较为满意的建材供货商。另外，他还跟之前的旧同事及一些名片的主人互通消息，准备再搞几个赚钱的大项目。

很多人都跟我的这个朋友一样，手上握有很多名片资源，但是却不知道怎么利用。大家真不要小看那一张张似乎形同废纸的名片，说不定哪一天那上面的电话号码就能够帮到我们。

我在报社做记者的时候，曾采访过一个刚到而立之年就开了一家大型早教机构的老板。他大学毕业之后到了一家学校做行政工作，结了婚。他的工作很稳定，工资虽然不算高，但是基本够生活吧。可是随着孩子的降生，他明显感觉到了较大的经济压力。为了给孩子创造良好的家庭经济环境，他寻思着辞职创业。不过他一直都没想到好的创业项目。

一天，他带孩子去一家早教机构上早教课的时候，遇到了一个去早教机构考察的老同学。老同学由于有公事在身，没跟他多聊，给了他一张名片就走了。晚上，他拨通了名片上老同学的电话，跟老同学聊起自己的现状，也说了一下自己想要创业的想法，老同学大喜，世界上真有那么巧合的事！原来，老同学在给一个大老板做秘书，他的老板想要开一家早教机构，正愁找不到合适的人选帮他管理呢。之后，在老同学的推荐之下，他成为这家早教机构的副校长。这家早教机构在他的管理下，越做越大。后来老板移民了，他盘下这家早教机构自己做了校长。

这一个又一个鲜活的事例告诉我们，交际圈包罗万象，涵盖各行各业各路“神仙”，它绝对不是一个小小的微信朋友圈能够承载得了的。所以，在此我要郑重地强调一点，打开你的朋友圈，并不仅仅是打开你的微信朋友圈！在你需要朋友来打通你的“任督二脉”之时，也千万不要只想起你的微信朋友圈，而要把目光放长远一些，放宽广一些。

03

有朋友就有力量，
有力量就有竞争力

有富足的朋友网络才会有强大力量，有强大力量就会有超强竞争力，有超强竞争力才能开创属于自己的一片天地，才能缔造属于自己的辉煌。

戴尔·卡耐基经过长期研究得出一个结论：“专业知识在一个人成功中的作用只占15%，而其余的85%是人际关系。”人际关系在我们的日常生活和工作中到底有着多大的力量呢？

世界顶尖激励大师安东尼·罗宾曾说过：“人生最大的财富便是人际关系，因为它能为你开启所需能力的每一道门，让你不断地成长，不断地贡献社会。”

朋友网络是一个人成功的必要条件，它能为我们打开智

慧之门，它是我们手中掌握的最大财富，是我们赚取财富、步步高升极为有力的工具。很多时候，你专业能力有多强，你技术水平有多高，其实并不是最重要的，重要的是，你在遇到问题的时候，知道找谁才能够成功化解！这便是朋友给予我们的最大帮助。

我有位大学同学，大学一毕业就去了一家大型国企做会计。多年来，他总是穿梭于国内的一二线城市，用他的话说是，哪个城市有项目，他就去哪个城市做会计。经过将近八年的打拼，他深得企业老总的器重，也在行业内有了较大的名气，这个时候，他向老总请辞。老总自然不舍得放走公司培养出来的高端人才了，给了他几个月的带薪长假，让他好好休息，待休息好了再回公司上班。

如果没为公司做出过巨大的贡献，对公司的发展没有巨大的影响力的话，他是断然不会得此待遇的。我问他："打算休息多久回去继续打拼啊？"他摇摇头说："恐怕是不会再回去了。"

我就纳闷道："公司待你如此之好，你回去之后肯定会扶摇直上的，为什么就不愿意回去了呢？"他说："为公司服务这些年，不仅积累了大量的工作经验，考得了注册会计师证，而且还积累了大量创业资源——是时候该利用手上的这些资源自立门户了。”

原来，他一早就有了全盘计划。他知道自己的工作性质，没办法长久固定地待在一个地方办公（他跟妻子多年来都处于两地分居状态，儿子的成长，他几乎没有时间参与过），所以这些年，他在默默地努力，默默地积累，只待自己手上的资源富足了，便离开公司回到妻儿所在的城市开创属于自己的事业。

后来，他与朋友合资开了一家会计师事务所。他有技术有能力，加上手上又有着充裕的资源，事务所的生意别提多红火了。

由此可见，有富足的朋友网络才会有强大力量，有强大力量就会有超强竞争力，有超强竞争力才能开创属于自己的一片天地，才能缔造属于自己的辉煌。

汉能控股集团有限公司总裁李河君，生于一个普通的农民家庭。家世背景自然对于他的创业没起到什么推动作用，他的成功，完全缘于他具有商业头脑，且还是一个善于积累资源的高手。

李河君在大学期间就通过聚集30多个志同道合的同学在学校食堂大门口卖胶卷赚到了自己的第一桶金。之后他向大学老师借了5万元钱去中关村卖电子产品、卖玩具、卖矿泉水，反正什么赚钱他就卖什么，以此赚到了第二桶金。过了几年，他又和十几个相熟的伙伴去创业，赚到了8000万元左右的利润。当时的他，手上一下子有了那么多资金，一时之间还真不知道该做些什么投资。跟他常联系的一位学金融的高中同学给他提了个建议，让他去做能源产业，这个产业属于新兴行业，发展前景很不错。李河君相信他的老同学，花了1000多万元收购了家乡河源东江上一个初始装机量为1500千瓦的小水电站，正式进军能源行业。

在一众创业好伙伴的支持和推动下，在李河君个人的努力奋斗下，经过多年的成长和发展，汉能控股集团有限公司如今已成为我国最大的民营清洁能源发电公司，同时也成为全球最大的薄膜太阳能企业。2015年，李河君战胜马云、王健林登上中国首富宝座。

如果李河君在创业的道路上没有那些好伙伴相助，没有他的老同学相荐的话，今天的他未必能够坐拥千亿身家，未必能够登上中国首富的宝座。这就是朋友网络带给人的力量和竞争力。

如果此时的你，正在筹划着创业，抑或是正在为升职加薪做计划，请一定活用手上的朋友资源，由此提升竞争力，开辟新景象。

04

结交有益的朋友，是一种对未来的大投资

人活在大千世界，不可能不与人接触，更不可能不结交朋友，但是交朋友就一定要结交有益的朋友。有益的朋友像是一根拐杖支持着你稳步向前，像是一盏明灯指引着你快步向前。

好莱坞流行这么一句话：“一个人能否成功，不在于知道什么，而在于认识谁。”这说明了什么？说明了结交有益朋友的重要性，说明了有益朋友对自己事业的发展有着极大的推动作用。

有人说，一个人最可悲的，不是没有巨额的财产，没有成功的事业，而是没有有益的朋友。

什么是有益的朋友呢？有益的朋友就是在你痛苦的时候，伤心的时候，郁闷的时候，倾听你的人；在你愤怒的时候，做

你的发泄对象，然后待你冷静了之后跟你分析现状、分析利弊，和你一起找出解决问题方法的人；在你最困难的时候，最需要人帮助的时候，向你伸出援手，拉你一把的人……

马克思与恩格斯这两位革命巨人之间结下的真挚友谊是最为世界人民称颂的。对于马克思来说，恩格斯是他一生中结交的最有益的一位朋友，是他事业成功发展的最大支持者和推动者。

1848年大革命失败后，一直以来都喜欢参加政治活动和进行科学研究工作而不喜欢从事商务活动的恩格斯，为了在物质上支持和帮助被迫流亡英国伦敦的马克思早日写成《资本论》并得以出版，咬着牙坚持从事商务活动，每个月有时甚至是每个星期都会给马克思汇款，使他不至于饿着肚子或是啃着干面包写《资本论》。

当然，他们两人之间的友谊主要不是建立在一方对另一方的经济资助上，主要是建立在学问的互相探讨上。对于马克思而言，恩格斯不仅仅是他的经济支柱，更是他的精神支柱。他们每天都会通信谈论一些政治和科学问题，马克思把阅读恩格斯的来信看作是一天当中最快乐的事，有些时候他拿着恩格斯写来的信，反反复复地读，反反复复地研究，兴之所至，还会对着信件发表自己的看法，就像是面对面跟恩格斯交谈似的，有时说着说着竟然兴奋得手舞足蹈起来，有时又会流出眼泪……

要是恩格斯抽空来伦敦见马克思，两人一交谈起来就会忘记时间，几个小时几个小时兴致勃勃地谈论着……

就这样，在恩格斯物质和精神的双重支持和鼓励下，1867年8月16日凌晨2点，马克思终于完成了《资本论》第一卷所有文章的校对工作，他当即兴奋地写信给恩格斯："这一卷能够完成，只是得力于你！没有你为我而作的牺牲，这样的大部头著作，是我不能完成的，我拥抱你，感激之至！"1867年9月14日，《资本论》第一卷在马克思和恩格斯的共同努力下于德国汉堡出版了。这本著作的问世，对整个国际工人运动起到了很大的推动作用和指导作用，具有划时代的意义。

1883年，马克思逝世了，恩格斯暂停手上所有的工作，将自己所有的时间全部用在整理马克思创作的《资本论》第二卷和第三卷的手稿上。而且为了完善这两卷书稿，他不仅为其补充了许多材料，一些篇章他还花了很多时间重新撰写，最终在1885年和1894年促成了这两卷的出版问世。

人活在大千世界，不可能不与人接触，更不可能不结交朋友，但是交朋友就一定要结交有益的朋友。

有益的朋友，能够与你共渡难关，能够给予你比任何力量都强大的精神支持；有益的朋友，能够助你成才，能够助你到达成功彼岸，登上胜利高峰。

齐白石一生之中，朋友数不胜数，但是真正被他视为莫逆之交的，只有陈师曾一人。

齐白石很长一段时间画作少有人问津，门庭冷落。原因就在于他专门模仿八大山人、青藤、大涤子等人的画作，而没有自己的风格，没有自成一派。一天，陈师曾看了齐白石一大箱子的画作之后，建议他稍加变通。齐白石听了之后茅塞顿开，奋而自创画法。经过多年的摸索创新之后，齐白石摒除了模仿之风，从一个民间画匠变成了一位著名的大画家。此时的陈师曾又建议齐白石将作品推向海外，齐白石照做了，结果声名享誉海内外。

在这个世界上，没有人不努力就能成事的，也没有人仅仅靠个人的努力就能够成大事的，任何人的成功都离不开有益的朋友的相助。有益的朋友，就像是一杯清茶，能够时刻让你保持着清醒的头脑；有益的朋友，就像是一根拐杖，能够支持着你稳步向前；有益的朋友，就像是一盏明灯，能够指引着你快步向前。

可是，我身边一些正处于三十几岁人生转折点的朋友，却常常以工作太忙、照顾家庭太累为由，工作之余便将自己从社会和人群中孤立出来。殊不知，结交有益的朋友是一种大“投资”，只有平时积极主动结交有益的朋友，为自己积累朋友资源，才能在将来需要帮助的时候，获得八方支援。

05

每个成功男人的背后，都有着丰富的朋友资源

在这个人际网络无处不在的大环境之中，我们应该注重留心那些能够在关键时刻助自己打开机遇天窗、缩短成功时间、加快成功速度的贵人。

多年前在报社做记者的时候，专门负责成功男士的访谈栏目，很多朋友就很好奇地问我，你采访过那么多的成功男士，知道他们为什么能够取得别人所不能取得的成功吗？关于这个问题，我也曾经问过几个成功的男士，他们给我的答案都很简单，也都很统一，那就是他们都拥有一个秘密武器——友谊。

友谊是男人事业成功的助推器。大家别以为比尔·盖茨20岁的时候得以跟当时闻名全世界的电脑公司IBM签了合约是偶然现象，是天上掉下的“馅饼”，是他的绝对好运气带来

的好机遇，其实不然。当时的他只不过是没名气、没成就的大学生，他之所以能够钓得那么一条“大鱼”，靠的是他的母亲介绍他认识了一个人。他的母亲是IBM董事会的董事，母亲把他引荐给了IBM的董事长，为他成功跟IBM签约奠定了良好的基础。可以说，奠定比尔·盖茨大获成功的基石，就是朋友友谊。

是的，每个成功男人的背后，都有着非比寻常的朋友。现任美国中经合集团董事总经理、中国区首席代表的张颖，就是靠丰富的朋友资源而获得成功的典型代表。

1996年张颖从旧金山大学毕业后进入斯坦福医学院旧金山医学中心工作时，与同一实验小组的同事Rey Banatao成为好朋友。张颖因常常去Rey Banatao家玩而结识了其父亲Dado Banatao，一个具有亿万身家的菲律宾裔美国投资家。朋友友谊是一种无形资产，可以使人与人之间建立良好的合作关系，从而可以充分地利用一些有效的社会资源为自己服务。所以，聪明的张颖把Dado Banatao拉进了自己的朋友名单里。

之后，张颖应聘美国中经合集团的投资经理，巧的是，中经合的创始人刘宇环跟Dado Banatao是多年的老朋友。

张颖在面试的时候跟刘宇环聊起了他们共同的好朋友Dado Banatao，彼此之间的熟悉感和信任感由此而产生，结果张颖得以顺利地加入了中经合集团。

在这个竞争激烈的社会中，朋友友谊是提升个人竞争力最有力的武器，专业够强，技术够硬，如果再加上一些朋友的牵线搭桥，那么必然能一分耕耘十分收获。

我曾经的一位大学同学，虽然出类拔萃，不仅专业成绩名列前茅，还有多种特长傍身，人又长得器宇轩昂，由于竞争激烈，毕业之际还是遗憾地被剔除出了留校任教的名单。

毕业后，他去了一家市级电视台做摄像记者。每天扛着摄像机到处跑，对于自己拍摄过的人物对象，他都努力跟对方建立良好的朋友关系。工作之余，他总是以朋友的身份去跟拍摄对象互动。久而久之，他的朋友名单长得惊人。

本来他在电视台里只不过是一个扛摄像机的“幕后英雄”，然而没几年，在他众多朋友的引荐下，他从基层员工跃升为中层领导。才三十出头的他，就已经是电视台领导的后备人选了。不过，本单位的高层领导职位似乎并不是他追求的目标。在跟他聊天过程中得知，调往省级电视台任职才是他的目标。

我们大伙都觉得，其实他这样在原单位步步高升挺好的，毕竟熟悉的环境，更易让他发光发亮，如果去到陌生的环境重新开始，似乎有点儿冒险。但是他笑笑说，如果没有建立足以助他在新单位事事顺意的朋友友谊的话,他绝对不会轻易挪窝。结果真如他所愿，一纸调令下来，他去了省级电视台就职，担当的职务、负责的栏目十分有利于他大展拳脚。

同学聚会的时候，同学们起哄说他是我们班目前最有成就的社会栋梁，让他传授一下成功的经验。他只说了这么一句："秘密武器，每个成功男人都必须建立自己的秘密武器。"

后来我追问他秘密武器是什么，他又说了一句意味深长的话："每一个人在另一个人的生命里出现都会有其存在的价值的。如果我们懂得珍惜每一个在我们生命中出现过的人，努力将其纳入自己的朋友名单的话，那么总有一天他的存在能够助我们得到想要得到的。"我想，他所说的秘密武器跟我所采访过的那些成功人士说的一样，也还是朋友友谊。

所以，在这个人际网络无处不在的大环境之中，我们应该注重留心那些能够在关键时刻助自己打开机遇天窗、缩短成功时间、加快成功速度的贵人。

所以，一个男人若想获得成功，取得别人所无法企及的成就，那么就要不断地结交朋友。只有比别人拥有更丰富、更庞大、更有力量的朋友友谊，才能“攻无不克，战无不胜”。

06

活用你的朋友资源，绝不能让贵人成为摆设

“篱笆立要靠桩，人立要靠帮”，在现实社会中，人际交往绝对是一个人生存和发展的有利条件之一。人务必要学会活用自己的朋友资源，学会让自己朋友里的贵人适时出手相助自己，绝不能让自己朋友里的贵人成为摆设。

弟弟大学毕业那年考上了外省的一家事业单位，在办理入编手续之时，需要提供一份户口所在地的公安部门开具的无犯罪记录证明。为了开这张证明，弟弟特意请假回来，但是公安部门没有立刻给他开出证明，要他带着人事档案查档信息证明材料去找户口所在地辖区的户籍民警。公安部门要在查看户籍信息之后，确定他没有违反任何法律法规，才给予开具证明。

后来，弟弟耗了几天时间跑了多个部门才开得证明。当

弟弟办完这事之后把经历告诉我时，我真是为他的瞎耗时感到悲哀。

为什么我说他瞎耗时呢？因为我记得他曾经跟我说过，他上大学的时候，在社团里认识了一个高他两级的学长，他们很聊得来，很快便成了好朋友。那个学长大学毕业后进了我们所在辖区的公安部门工作，弟弟大可以联系他，请他帮忙找户籍民警帮忙查档啊，说不定一个电话就能搞定了呢，根本不用亲自请假跑回来办了。而且，身为他亲姐姐的我，也有同学在人事档案管理部门工作，若是他提前告诉我他要办这事，我可以请我的同学帮帮忙，如此一来，不是省了很多时间很多事吗？

可是弟弟却说，他不想麻烦朋友，更不想麻烦我的朋友。我开导弟弟，我跟他的朋友资源都是这二三十年来各自在长期的工作生活中积累下来的，我们积累朋友资源的初衷就是希望朋友里的贵人日后能在关键时刻给予我们一些帮助。所以，在自己最需要帮助的时候，不拜托身边的贵人给予帮助，更待何时啊？

俗话说得好，“篱笆立要靠桩，人立要靠帮”，在现实社会中，朋友友谊绝对是一个人生存和发展的有利条件之一。只有充分利用好自己手上的朋友资源，才能在这个互联网发达的时代，信息爆炸的时代，充分地施展自我的才华，使自己在日趋激烈的行业竞争中开辟出一片天地。

所以，我们一定要学会活用自己的朋友资源，学会让朋友里的贵人适时出手相助自己，绝不能让自己朋友里的贵人成为摆设。

阿里巴巴集团主要创始人马云，是一个活用朋友资源的典型人物。他能够取得今天的辉煌成就，能够拥有如此丰厚的财富，靠的就是他身边的贵人的推动。

首先要说说和马云平起平坐的阿里资本操盘手，拥有超强法律和财务背景，持有耶鲁大学经济学士及耶鲁法学院法学博士学位的蔡崇信。1999 年，马云正在为阿里巴巴的发展寻找风险投资，蔡崇信代表 Investor AB 公司与马云谈投资合作事宜，结果没谈成，不过两人却因此惺惺相惜、互为信任，最后蔡崇信还选择了与马云一起并肩作战创立了阿里巴巴，共同将阿里巴巴向规范化运作方向推动和发展。

另外要说一下马云的贵人之一——日本国际知名投资人、

软银集团董事长兼总裁孙正义。1999 年 10 月，得到风险投资的马云正在忙着建立阿里巴巴，所以在收到摩根士丹利亚洲公司资深分析师古塔发的电子邮件说有一个人想要见一见他，他都无暇顾及。谁知几天之后，古塔又打电话给马云，明确告诉他，这个人对阿里巴巴未来的发展会起到很重要的作用，让他再忙也要抽空去北京见一见这个人。结果，马云去了，仅用了 6 分钟的时间就说服了孙正义向阿里巴巴投资 2000 万美元。

最后有必要提一下接替马云任阿里巴巴 CEO 的陆兆禧。马云 1999 年收购陆兆禧的互联网长途电话业务小公司时，顺便把他也带进了阿里巴巴。2003 年非典肆虐，陆兆禧凸显出了过人的智慧，在他的带领下，阿里巴巴华南大区迅速发展壮大起来。马云一早就觉得这个人很能干，之后便更加信任他了，先是任命他出任支付宝总裁，后调他到淘宝任 CEO。2012 年 7 月，陆兆禧更是受命出任首席数据官岗位，负责全面推进阿里巴巴集团成为数据分享平台战略，直接向集团 CEO 马云汇报。所以，马云在辞去阿里巴巴 CEO 之职后，绝对放心由陆兆禧接任阿里巴巴 CEO。

当今社会，朋友友谊在社会经济活动中起着举足轻重的作用，是不可或缺的。这一点，马云比谁都清楚，所以他曾说过，他不是一个人在路上，而是他们跟他一起在路上。是的，马云能够带领阿里巴巴创下如此多的神话，他身后那些强大的后盾给予了他太多太多的信任、支持和帮助。

所以，活用你的朋友资源，活用你朋友里的贵人，能让自己更早地到达成功彼岸，何乐而不为？

第三章

三十几岁的男人，
良好的习惯是成功的基石

三十几岁的男人，要么事业发展得如日中天，要么事业正处于峰回路转处。在这个特殊的时期，你身上具备的良好习惯必然会推动你不断向前迈进；反之，若不积极克服自身存在的问题，不良习惯终会拖垮你前行的脚步。

01

不良习惯，是人生发展的绊脚石

不良的习惯就像是一只藏在米缸里的老鼠，每天啃食一点儿我们生存与发展的粮食，终有一天会将我们的生存之本全部啃光，而良好的习惯就像是一张存在生命银行里的存折，让人能够不断地从中提取资本助自己走向成功。

去年情人节才刚过，就收到好兄弟离职、离婚的双重猛料。

说实话，这位好兄弟离婚我并不觉得意外，他的妻子跟我说过很多次，他下班回到家甚至节假日放假在家，除了吃饭、睡觉之外就一心窝在电脑前打游戏，老人不理，孩子不管，妻子多次跟他商量利用假期带老人、孩子出去看看外面的世界，他总是拒绝，一门心思扑在他的虚拟游戏世界里。长此以往，妻子受不了了，便向他提出了离婚。

还真不巧，他这头刚跟妻子办完离婚手续，那头公司就交给了他一封辞退信，没有言明理由，但是他自己知道，由于长期熬夜打游戏，每天早上总是起不来，上班总是迟到。有时工作不忙，身为计算机专管员的他就肆无忌惮地在办公室里打电脑游戏，多次被领导撞见。另外，他还常常耍些小聪明，趁领导出差不是早退就是旷工。

所以，正逢而立之年的他遭遇此双重打击，我只能说他自作自受。妻子带着孩子搬离他们爱的小屋，家里老人对他恨铁不成钢，他才意识到自己这些年养成的打游戏、迟到、早退、旷工等不良习惯成了自己人生发展的绊脚石。

好习惯能助人成功，坏习惯能使人失败。一个人若是在学习上养成了勤奋刻苦的精神，那么他一定会有学识、有见地；一个人若是在生活上养成了勤俭节约的好习惯，那么他一定能够源源不断地积累财富；一个人若是在工作上养成了吃苦耐劳的好习惯，那么他一定能够步步高升成就一番事业。

是的，良好的习惯即是成功的基石，因为它铺就了一条康庄大道通往成功，而不良的习惯便是成功的绊脚石。所以，如果不小心已然养成了不良的习惯，务必要及时地清理掉，绝不能让它羁绊我们前行的路，阻碍我们奔向成功。

我的那位好兄弟在遭受不良习惯给自己带来的“灾难”之后，悔恨不已。不过时光已然流逝，怎么追也追不回了。“前一个三十年，我被不良习惯给坑害了，下一个三十年，我一定要用良好的习惯来武装自己，不再让自己陷入无助的境地。”所以，好兄弟为了实现下一个三十年自己也能够拥有傲人事业及和谐美满家庭的目标，决定洗心革面重新开始。

他先把打游戏的坏习惯给戒掉，然后慢慢养成良好的习惯。在应聘到新单位之后，他勤勤恳恳工作，下班之后就陪老人散步聊天。此外，只要一有假期，他就去找前妻一起陪孩子。渐渐地，前妻对他重拾好感，没多久两人就复婚了。

良好的习惯对人的成长、成功、成才有着巨大的推动作用。前不久，日渐养成良好习惯的好兄弟给我发来捷报：他不仅得到了公司年底分红的嘉奖，更是连升两级，现在已经是项目主管了，可以独立带组做计算机软件开发的新项目了。

不良的习惯就像是一只藏在米缸里的老鼠，每天啃食一点儿我们生存与发展的粮食，终有一天会将我们的生存之本给全部啃光，而良好的习惯就像是一张存在生命银行里的存折，让人能够不断地从中提取资本助自己走向成功。

在我们中国有这么一个人，他的名字无数次在国际理论科学界中被人提起，他一生之中发表了150多篇学术论文，留下了多部巨著，其中有8部被列为20世纪数学的经典著作，被国外的出版社翻译出版。他便是完全靠自学成才的数学家华罗庚。

华罗庚没有显赫的家世，没有优越的物质生活，有的只是闻鸡而起“决战清晨”“不怕困难，刻苦学习”的良好习惯。

华罗庚因在一堂数学课上解出了一道当时十分有名的难题得到了老师和同学的赞许而爱上了数学。然而，家境贫寒的他初二便遗憾地告别学堂，辍学回家了。

辍学之后的华罗庚不能再从课堂上汲取数学养分了，唯有自学。因白天家里有许多农活要干，根本无暇学习，于是他便养成了每天早早起床，在正式开始一天的劳作之前认真学习的良好习惯。这个习惯伴随了他一生，他后来功成名就之后也一直保持着。另外，华罗庚还有一个很好的习惯，那就是善于利用零星时间。不管是在田地里还是在集市上，是白天还是黑夜，只要一有空闲，他就会捧书阅读或是拿纸笔写写算算——如果当时身边没有纸和笔的话，他就利用心算来解题。

正是华罗庚的这些良好习惯，推动着他一步一步地攀登上了数学高峰，使之成了中国解析数论、矩阵几何学、典型群等多方面研究的创始人和开拓者，声名享誉国内外。

播下一个积极的行动，将收获一个良好的习惯；种下一个良好的习惯，将收获一个美好的明天。朋友们，我们一定要努力养成良好的习惯并认真地驾驭它，让其助我们实现梦想，带我们奔向成功。

02

坚持不懈，才能实现理想

成功没有捷径可走，熬得过“十年寒窗无人问”的艰难时光，才能迎来“一举成名天下知”的辉煌时刻。

“不积跬步，无以至千里；不积小流，无以成江海。”世界上任何伟大事业，都成于坚持不懈。

意大利航海家哥伦布，1492 年 8 月率领船队从西班牙巴罗斯港扬帆驶向大西洋。经过 70 个日日夜夜艰苦卓绝的航行，发现了属于现在中美洲加勒比海中的巴哈马群岛的陆地。之后哥伦布更是不畏艰险，坚持从事航海活动，先后 4 次出发远航，最终开辟了横渡大西洋到美洲的航路。

伟大的发明家爱迪生 13 个月来不分昼夜地艰苦实验，试用了 6000 多种材料，做了 7000 多次试验，发明了能够持续亮 45 个小时的人类第一盏有实用价值的电灯。之后为了将电灯的寿命延长到几百小时甚至几千小时进入寻常百姓家，爱迪生又继续埋头做实验，经过又一轮多番艰苦的实验，他发现用竹丝做灯丝效果很好，可持续亮 1200 个小时。不过他并未就此满足，后又改良，发现用炭化后的日本竹丝做灯丝效果更佳……

美籍华人建筑师贝聿铭起初只是一个默默无名的建筑师，就像是一粒细小的沙子，根本入不了国外众多大设计师的眼。但是他一直坚持不懈地努力着，一直都很认真地去做自己的建筑设计。终于有一天，他战胜了众多享誉全世界的优秀设计师而成为法国罗浮宫的设计者。之后，他付出了更多艰辛的努力，每天认真地准备设计稿，画了一次又一次，修改了一次又一次……最终交出了一份令评审们满意的设计稿。

由此可见，成功与失败仅一步之遥，很多时候你只要再坚持一会儿，胜利的旗帜必然会迎风飞扬。

当代著名散文家余秋雨，小时候受母亲影响，养成了爱读书的好习惯。

余秋雨上小学的时候，老师承诺“写 100 个毛笔小楷字就能借到一本书”。为了能借到学校图书馆里的几十本童话和民间故事书，余秋雨每天都认真地写毛笔字。

余秋雨11岁的时候，随全家搬到了上海。他就读的那所中学的图书馆很大，借书的人很多，每次去借书都要排长龙，而且想借的书十次有九次都被其他读者先借走了。余秋雨打听到上海青年宫图书馆借书比较方便，于是跑去那里办了张借书证。

青年宫图书馆距离余秋雨的家很远，要步行一个多小时才能到。当时余秋雨的家庭条件不是很好，每餐都吃不饱，所以每次去图书馆，走了一半路程他就饿得走不动了，但是他总是咬着牙坚持走到图书馆看书学习。正是余秋雨这种坚持不懈看书学习的精神，为他后来走上文学创作道路打下了坚实的基础。

坚持不懈是一种积极的人生态度，能将人往正确的人生发展方向引导；坚持不懈更是一种坚定的信念，能将人潜在的能力发挥得淋漓尽致。所以，朋友们，不管在前行的路上会遭遇多大的艰难险阻，会经历多少风雨坎坷，都一定不能放弃，一定要坚持朝着自己既定的目标奋勇向前。因为，只有永不止步坚持到底，才能实现理想。

邻居家小张同志一直都想进某国企去大展拳脚，所以即将大学毕业时就开始关注那家国企的网站，一旦看到有招聘信息就立马投放简历。只可惜，他的简历和他的抱负被淹没在人才大军之中。几年后，在他光荣地戴上四方帽、研究生毕业时，那家国企的伯乐仍未相中他。不过他并未因此而气馁，先是去了一所高校任教为自己积累一些社会经验。

在学校执教期间，小张同志源源不断地将自己的学生输送到一些企业去就业，一来二去地便跟很多企业人事部门领导建立了良好的关系。后来，经一家企业人事部门领导的推荐，他有了一次去那家国企面试的机会。

小张抓住这难得的机会，在面试的时候将自己多年来对该国企的关注一一述说，同时他还明确地告诉面试官，他最理想的就业单位就是该单位，几年来他也一直在为之而努力，尽管这么多年他的简历一直未入该国企人事部门领导的眼，但是每一次失败都动摇不了他。面试官最终被小张同志坚持不懈的精神感动了，当即便答应给他一次入职的机会，看看他是否能够胜任。结果，小张做得有声有色、游刃有余，很快便得到了主管部门领导的器重。没几年，不过三十来岁的他便跻身于中层领导的行列了。

03

拖拉磨蹭，会拖掉你生命的色彩

时间不是拿来浪费的，可千万不能任由自己养成拖拉磨蹭的坏习惯。因为你浪费的每一分每一秒，都有可能是用缩短了你的生命长度或是缩窄了你生命的宽度来换取的。原本你的生命可以是多姿多彩的，就是因为拖拉磨蹭而有可能黯然失色。

“每次打开电脑，总是先开 QQ 再浏览一下网页，然后才打开 Word 慢悠悠地进入写作状态。写着写着突然又想起了什么事磨蹭一下，结果交稿的时间到了，作品还没完成一半。”

“每次铺开画纸准备作画时，总觉得肚子有些饿，然后去厨房找点儿吃的，等再回到画台时画作思绪已然消失……”

“每次准备出门，总觉得身上的衣服不好看，回房间换了套，又难找搭配的鞋子。磨磨蹭蹭，换来换去，等终于可以出门时发现与朋友约会的时间早过了很久了。”

…………

常常听到身边的朋友抱怨自己做事拖拉磨蹭，尽管大家都知道这个习惯不太好，但还是任由它存在下去。有的人或许觉得平时工作和生活中做事稍微拖延一下，并不会有什么大的影响，其实不然。

拖延是一种病症，一种慢性隐性病，短时间内去看它，似乎影响不大，但是从长远来看，危险性就大了，它甚至会“拖”掉我们生命的色彩，终结我们一辈子只有一次的宝贵生命。

我有一位同学在一次打球的时候晕倒了，被同学们送至医护室救治。医生初步检查了之后建议他去大医院做个全面检查，可是他对自己的身体很自信，所以一直拖着不去检查。

几个月后，他再次在球场上晕倒了，同学们直接将他送到了市人民医院做检查。暂时没检查出什么问题，医生建议他到省级医院再做一次详细检查，看看是否有什么隐疾他们医院检查不出来。然而，我的同学又开始拖。结果他这一拖，就又过去了几个月。直到有一天，他在宿舍一直喊头痛，甚至痛得在床上打滚，同学们赶紧把他送到医院急救，医生当即便开了转上级医院就诊的通知书。谁知，在他转到省级医院不到两天就因发现病情太晚错过治疗时间而去世。接到他去世的消息，我们先是震惊，继而悲伤、叹息。

在他的追悼会上，他姐姐跟我们说起他生命的最后几天。

他在接到病危通知书的那一刻，他不敢相信自己原来已经病得那么严重了，他脑子里的那个小小的黑影竟然要夺走他的生命！他哭着喊着求医生无论如何救他一命，他说他还没过30岁，还没娶妻生子，还有好多好多的事没来得及做……

生命有限，但是在这有限的生命里，上天已经给了你足够的时间去做你想要做的事。如果你拖拖拉拉，一点一点地将自己的时间浪费掉的话，在你的生命即将终结的那一刻，你想让上天网开一面，多给你一点儿时间，哪怕是一秒钟，都只能是奢望。

时间不是拿来浪费的，可千万不能任由自己养成拖拉磨蹭的坏习惯。因为你浪费的每一分每一秒，都有可能是用缩短了你的生命长度或是缩窄了你生命的宽度来换取的。原本你的生命可以是多姿多彩的，就是因为拖拉磨蹭而有可能黯然失色。

意大利画家达·芬奇是一位超级博学者，他在建筑、解剖、艺术、工程、数学等多个领域都有所涉猎，并且都取得了不菲的成就——他是西方第一个人形机器人的设计者，是第一个绘制宫中胎儿和阑尾构造的人……

达·芬奇一生做了大量的笔记，据估算，传世的6000多页手稿只不过是他全部笔记的三分之一而已。另外的那三分之二，有人说是因为他的拖拉磨蹭的习惯使他没来得及整理便已经遗憾地离开了人世。

达·芬奇一生的注意力相当分散，他根本就没把注意力集中到某一件事或是某一点上，不过他最出名、最让人称道的应该是他的画家身份。可是因为他是一位资深拖延症患者，且又是一个追求完美的人，所以他的《蒙娜丽莎》画作足足画了4年才画完，《最后的晚餐》也画了3年时间。到他临终之时，他的传世画作不超过20幅，且其中有6幅都还未完成。此外，他还留有很多并未成形的草图。——这是一件多么令人遗憾的事啊！

达·芬奇本人亦为自己的拖延坏习惯而感到苦恼，他在一则笔记中写道：“告诉我，告诉我，有哪样事情我是完成了的？”

我们来假设一下，这位人类历史上绝无仅有的全才要是没有拖拉磨蹭的坏习惯的话，那么在他离开这个世界之前，不仅笔记全，画作也不会有半成品，那对他而言，对人类而言，这是一笔怎样丰厚的历史财富啊！不过很可惜，这个假设并不存在，遗憾就是遗憾。

马尔顿曾说过：“拖延最能损坏和降低人们做事的努力。”所以，我们务必要把拖拉磨蹭当成自己最可怕的劲敌，务必要努力想办法去打败它，决不能让它窃去我们的时间、品格、能力、机会和自由，决不能让自己成为它的奴隶！

哈佛大学流传有这样一句话：“明天再美好，也不如抓住眼下的今天多做点儿实事。”我们只有像珍惜生命那般珍惜时间，才能拥有阳光般的发展前途，才能使自己的生命色彩变得五彩缤纷。

04

勤奋刻苦，
才能成就辉煌人生

业精于勤，荒于嬉；行成于思，毁于随。勤奋刻苦是一把钥匙，一把能够打开成功之门的钥匙。在这个竞争如此激烈的社会大环境之中，只有勤奋刻苦的人才能戴上幸福的光环，才能采摘到胜利的果实，才能成就辉煌的人生。

高尔基说过："时间是最公平合理的，它从不多给谁一分。勤劳者能叫时间留下串串果实，懒惰者时间留给他们一头白发、两手空空。"懒惰散漫的人，总觉得没有时间或者时间不够，完全受时间控制了，所以只能做时间的奴隶；勤奋刻苦的人，善于利用时间，所以便能够主宰时间，做时间的主人。在人生道路上，到处都充满了荆棘坎坷，没有坚定的意志和勤奋刻苦的精神，又怎么能够排除万难到达成功的彼岸呢？

有人说，这个世界上最宝贵的东西除了时间之外，就是勤奋了。是的，勤奋刻苦是一种美德，一种自我肯定、自我超越的美德；勤奋刻苦也是一块基石，一块实现自我理想的基石；勤奋刻苦更是一把钥匙，一把能够打开成功之门的钥匙。

在这个竞争如此激烈的社会大环境之中，只有勤奋刻苦的人才能戴上幸福的光环，才能采摘到胜利的果实，才能成就辉煌的人生。

偶然在《凤凰周刊》看到一篇题为《大陆民间军事研究群落崛起》的文章，文中提到了民间军事出版达人左立，后经朋友引荐认识了不过三十来岁的他。

左立是学广告专业的，在广告公司打工数年后自立门户创办了自己的平面设计工作室，后来机缘巧合之下去了一家专门从事民间军事出版物策划和制作的文化传播公司做总经理。

对很多人而言（包括我自己在内），对于出版军事出版物，都认为可望而不可即。但是对左立来说，看得多了，想得多了，便挑起大梁自己动起手来了。

左立在广告行业打拼了10年，夹在客户与制作厂家之间赚点儿可怜的设计费或差价的日子使他感到很疲倦。他的一位老板曾对他说过“人是不会累死的”。他是这样理解这句话的：人虽然不会被累死，但若是不累的话，那就跟死没什么区别了。他不要做一个“死人”，一个没有上进心、没有拼搏之心、懒懒散散、浑浑噩噩的“活死人”，所以一直以来他都不断地鼓励自己要刻苦勤奋，在做好广告工作之余更要创造机会开辟属于自己的另一番天地。为此，出于爱好，多年来他一直利用闲暇时间阅读《航空知识》《兵器知识》《舰船知识》和一些二战类纪实文学作品，为自己转行做军事出版人做了大量的知识储备。

虽然左立从来没写过军事历史题材的作品，但因为一直都在看有关军事方面的书籍和杂志，特别关注这个市场的发展动向，所以对这个市场有着敏锐的嗅觉。

2003年，左立凭着自己多年的观察经验，发现军事作品出版市场的发展前景一片大好，于是就将自己的广告事业终止，一心一意向军事作品出版领域进军，做了民间军事出版人。

左立策划出版了杂志《火力时代》《闪电战》《战舰》及十多本专集类作品，其中《闪电战》吸引了不少优秀的民间军事研究者，销售量十分可观。

有朋友说左立三十几岁的时候能够将爱好、职业和事业三者合为一体，非常之幸运。然而这幸运却来得实在是太不容易了，若不是他多年来那么勤奋刻苦地阅读积累，那么深入地研究军事作品出版市场，他也不能够将军事杂志做得这么出色——不仅在全国范围内有了大批固定的读者，在欧洲和日本也拥有大批的读者。

柴可夫斯基说："即使一个人天分很高，如果他不艰苦操劳，他不仅不会做出伟大的事业，就是平凡的成绩也不可能得到。"人们只有用勤奋的头脑去思考，用勤劳的双手去耕耘，生命之花才会美丽绽放。

英国最大的私人企业维珍集团董事长兼总裁理查德·布兰森从小就患有阅读障碍症，学生时代常常因考试不及格遭到同学们嘲笑，但他并未因此自暴自弃，立志将来要做大企业家。

中学没毕业就到社会上打拼的理查德·布兰森，17 岁的时候怀揣着 4 英镑和好友琼尼·杰姆斯在自家的地下室筹办了一份专门面向年轻人的杂志——《学生》，正式开始创业。该杂志一经推出便受到了广大年轻读者的追捧，因为读者不仅可以在杂志上读到感兴趣的文章，还可以和杂志编辑进行沟通和交流，咨询各种问题。之后，理查德·布兰森抓住英国政府废除《保护零售价格协议》后还没有一家商店愿意将唱片打折出售的商机，以《学生》杂志的名义去拉广告赞助用于向学生提供价格更优惠的唱片。他的这一创举获得了巨大的成功，订单蜂拥而至。理查德·布兰森趁热打铁租了个店面开了一家唱片销售公司——椎间盘突出唱片公司，后改名为“维珍”。维珍公司越做越大，理查德·布兰森也越来越出名，越来越有钱……

创业的这些年，理查德·布兰森每天都忙得不可开交。

而立之年事业有成，很多人都以为理查德·布兰森会停下忙碌的脚步过一过舒适的生活，享受一下人生。可是他没有，他继续勤奋刻苦带领维珍向前，同时涉猎更多行业领域。

业精于勤，荒于嬉；行成于思，毁于随。时间是世界上跑得最快也最慢、距离最长也最短的东西，我们用一分就少一分，它不会回头召唤我们，更不会停下脚步等待我们。因此，我们唯有珍惜每一寸时光，合理规划，勤奋刻苦，才能在有限的生命里不断地充实自我，扩展自己生命的深度、广度、厚度、密度。

05

诚信有礼，是成就事业的通行证

诚信有礼是成就事业的通行证，诚信有礼是为人处世之根本，诚信有礼是安身立命之根本。只有诚信有礼，才能更好地立于这个社会，才能使自己飞得更高、更远！

曾经有朋友问我这么一个问题：成就事业的通行证是什么？我想这个问题，不同的人会给出不同的答案吧。有人会说是积极上进，有人会说是勤奋刻苦，有人会说是坚持不懈……在我看来，什么积极上进，什么勤奋刻苦，这些都是成功的基石，是成功所要具备的条件而非通行证。只有诚信有礼才是成就事业的通行证。

人无信不立，诚信有礼就像是大树的根，没有深扎于泥土的根，何来枝繁叶茂呢？诚信有礼就像是雄鹰的翅膀，没有强壮丰满的翅膀，何能搏击长空呢？

诚信有礼是做人之本。生活中，我们要跟很多的人交往，如果说过的话不算数，做过的事不负责，还会有人跟我们交往吗？如果没有人跟我们交往，我们怎么创建家庭、成就事业？

诚信有礼就是一座和谐的桥梁，它能够将人心连接起来。

多年前去香港旅游的时候，朋友让我帮忙代购一批品牌化妆品。晚饭后在酒店附近散步，我看到一家化妆品店，就踱步进去看了看，发现里面的品牌化妆品比我之前在大商场里看到的价格便宜，于是找店员下单欲帮朋友代购。

当时店里只有一个售货员，是个小伙子。我把朋友欲购的品牌化妆品单子递给他，让他帮我拣货。他看了看，告诉我说单子上的大部分化妆品店里都没有现货，不过他可以帮我去其他店调货，让我第二天的同一时间来取。然后我就问他，需要我交部分定金还是交全款。小伙子微笑着回答说都可以，看我怎么样方便。结果我发现两样我都不方便：出门散步忘了拿钱包，身上除了酒店的门卡，再无其他。于是我很抱歉地跟小伙子解释。小伙子微笑着摆摆手说没关系，他先帮我调货，第二天我去取货的时候再付全款。

回到酒店，我把事情的经过告诉了跟我同行的朋友。朋友说：“你确定他会帮你调货吗？你确定第二天去到他店里，你能拿到那么多价格不菲的品牌化妆品吗？”也是，我都没付人家定金，凭什么人家要帮我调货啊？想到这，我当时真的是不太抱希望第二天能拿到我欲买的化妆品。

第二天傍晚，我还是去了那家店里。小伙子一见我进店，立刻微笑着迎了过来，告诉我化妆品已经全部准备好了，让我跟他去柜台前核对一下。待点完货交完钱并提了货之后，我问他：“我只是口头上跟你约定了要一批价格上万的货物，你就帮我调货了，你不怕我反悔失约吗？”小伙子依然保持着那招牌式的微笑回答我说：“如果我不相信客户，客户又怎么会相信我呢？不管客户最终是否购买我们店里的物品，只要客户走进了我们店里，我们都要尽自己所能为客户服务。”

几年之后，我又去了一次香港，还特意去了那家店欲再购买一批品牌化妆品，可惜没见到当年对我彬彬有礼的讲诚信的小伙子。于是我跟店员聊起当年我跟那个小伙子的机缘，店员告诉我，其实第二天，也就是我去提货那天，那个小伙子本来是排班休假的，但为了遵守与我的约定，他主动放弃了休假在店里等我去提货。如果那天我没有去提货的话，店里造成的损失将由他一个人承担。幸好我去取货了，不过店长对小伙子的做法不太满意，给了他口头警告，让他以后别再只凭客户一句话就帮客户调那么大一批货了。可是小伙子始终坚持诚信待人，像我这样的客户后来他又接待了许多个。公司领导后来知道了小伙子的事情，不但没有辞退他，反而给他升职加薪——这会儿，才30岁的他就已经坐到了副总经理的位子。

只有诚信有礼的人才会获得别人的信任和尊重，才会有所作为。我想，我遇到的那个小伙子一定前途无量，因为他随身带着“诚信有礼”这个成就男人事业的通行证，不管走到哪里，都会给别人留下好印象，得到别人的信任和尊重，这必然会成就一个非凡的他。

当今社会，部分商家为了获取蝇头小利，把诚信有礼抛诸脑后，出售不合格产品或假冒伪劣产品欺骗广大消费者。试问，这样的商家能长久经营吗？能不被消费者抛弃吗？

诚信有礼是为人处世之根本，诚信有礼是安身立命之根本。只有诚信有礼，才能更好地立于这个社会，才能使自己飞得更高、更远！

—

06

主动出击，才能够化腐朽为神奇

现实生活环境并不是由许多个“如果”堆砌而成的，我们若是不以积极乐观的心态去看待每一次机遇和转折，不主动出击去寻找和突破发展机会的话，那么就只能抱憾终生了。反之，则有可能化腐朽为神奇，创造出绝对的精彩。

在现实生活中，很多人没能获得成功的原因往往不是自己能力不足，而是没有遇到或者把握住好机会。为什么？因为都习惯了亦步亦趋，都觉得这样才安全，而主动出击的话，风险太大，安全系数太低。

但是，行动可是成功的阶梯呀！万事开始确实是在于心动，然而最后成功却在于行动。如果我们不主动出击、及时行动的话，那一切只能是空谈空想。所以，想到了什么我们就要立刻去做，遇到了好时机就赶紧抓住，不要畏首畏尾，不要迟疑不决，不然只会让人捷足先登，让自己跟成功失之交臂。

1973 年，科莱特考进哈佛大学，一位 18 岁的美国青年经常坐在他身边的位置上。大二那一年，那位美国青年邀请科莱特跟他一起退学去开发 Bit 财务软件。当时 Bit 财务软件的发展才刚刚起步，未来是什么境况完全无法预测。科莱特觉得自己好不容易进了哈佛大学，只学了点儿皮毛就退学去开发软件，风险太大，而且他觉得自己当时的能力也没到开发 Bit 财务软件的地步，所以他拒绝了美国青年的邀请。

当科莱特认为自己的能力已然可以开发 Bit 财务软件了，可是当年那位退学去开发软件的美国青年比尔·盖茨早就成了亿万富翁，且他还绕过 Bit 系统开发出了 Eip 财务软件，其速度比 Bit 快 1500 倍。

如果当年科莱特退学跟比尔·盖茨一起去研发软件的话，可是世界上没有如果……

时光不会倒流，现实生活环境并不是由许多个“如果”堆砌而成的，我们若是不以积极乐观的心态去看待每一次机遇和转折，不主动出击去寻找和突破发展机会的话，那么就只能抱憾终生了。反之，则有可能化腐朽为神奇，创造出绝对的精彩。

每一个成功者都会有一个积极主动的开始。只有勇于开始，才能顺利找到通向成功的路。

绿山咖啡烘焙公司的创始人罗伯特·斯蒂勒与咖啡结缘只是一瞬间的事，就在那一瞬间，他做出了一个大胆且惊人的决定，成就了他日后咖啡界巨头的地位。

那是一个普通的下午，斯蒂勒在一个壁球馆里悠闲地消磨时间。他刚将自己的家传卷烟纸生意卖掉，正在琢磨下一个投资项目。正巧，一位刚开张的咖啡店老板热情地邀请他到自己店里喝一杯咖啡。斯蒂勒喝完之后不禁感叹："这绝对是我这辈子喝到的最美味的咖啡！"于是他当即决定买下了这家店。

之后，绿山咖啡烘焙公司正式成立。尽管罗伯特·斯蒂勒二次创业在资金方面不成问题，但是隔行如隔山，绿山咖啡烘焙公司要想在咖啡领域立足，并不是一件容易的事。前三年，罗伯特·斯蒂勒损失惨重，公司陷入绝境。为了扭转局面，罗伯特·斯蒂勒再一次主动出击，大胆制定出三个战略步骤力挽狂澜，使绿山咖啡烘焙公司1993年的销售额达到了1000万美元，分店开了9家，并且还在纳斯达克全球精选市场成功上市。由此，罗伯特·斯蒂勒成为咖啡界一大巨头。

20世纪90年代中期，星巴克几乎主宰了整个美国的咖啡零售业。绿山公司想要获得更大的发展，必须开辟新的市场。一次偶然的机会，罗伯特·斯蒂勒听到有员工抱怨每次去客户的公司谈业务时都得喝下很难入口的速溶咖啡，于是他又主动出击跟办公用品供应商史泰博谈合作——把绿山的美味咖啡引进史泰博北美600家办公用品超市，引进美国东北地区数以千计的办公室。之后，罗伯特·斯蒂勒为了将绿山咖啡引进被星巴克等大牌咖啡制造商忽略的埃克森美孚加油站和Stop & Shop超市，他关闭了旗下所有零售咖啡店，选择与批发商合作。他首先与埃克森美孚公司签署了一项为期5年的合作合同——埃克森美孚向绿山咖啡提供1600个便利店，从而确保绿山在该领域的霸主地位。在2003年12月，他又促成Stop&Shop超市在其300多家商店里摆上了绿山咖啡。

这时的罗伯特·斯蒂勒已经不再满足于只卖咖啡了，将业务领域拓展到克里格的单杯咖啡机和K杯。2006年6月，绿山咖啡以1.043亿美元收购了曾经的合作伙伴克里格公司的全部股份，获得了咖啡机及K杯业务，允许其他咖啡、茶或热可可生产商采用K杯包装在克里格咖啡机上使用。罗伯特·斯蒂勒这一举措将咖啡范畴以外的饮料都纳入了自己的体系，创造了一个商业奇迹：2008年绿山的K杯销售量首次突破10亿个，2010年前三个季度累计销售量达6.83亿个。

总而言之，生命在于运动，成功在于主动，在这个机遇和挑战并存的世界，机会不会少，少的只是抓住机会的速度和能耐。比尔·盖茨说过："一个好员工，应该是一个积极主动去做事、积极主动去提高自身技能的人。"所以，我们务必要做一个主动出击的人。

07

思考体现智慧，在思考中走向成熟

思考体现的是人类伟大的智慧。不管是谁，要想抵达成功的彼岸，就必然要学会开动脑筋，发散思维，勤于思考。

思考体现的是人类伟大的智慧，全天下不知道有多少男人在不断思考中走向成熟，古今中外不知道有多少名人在不断思考中走向成功。

现代避雷针的发明者富兰克林是受到闪电的启发想到了放电现象，之后通过一系列的实验才成功制造出现代历史上的第一枚避雷针；生于诸侯争霸时代的巧手工匠鲁班，从修葺房顶时用的短梯中得到启发，用短梯同样的材料做成了一个云梯供攻城的士兵使用。

善于思考是成功的必要条件。不管是谁，要想抵达成功的彼岸，就必然要学会开动脑筋，发散思维，勤于思考。

我国杂交水稻研究领域的开创者和带头人袁隆平，曾致力于研究一个问题——如何才能提高水稻的产量以解决全国人民的温饱问题。为了解决这个问题，他十年如一日地顶着烈日四处寻找优良品种，思考钻研水稻的变化，最终成功研发出解决粮食安全问题的关键技术，使中国人民摆脱了饥饿的威胁。

1960年7月，在安江农校任教的袁隆平在农校试验田中看到了一株特殊性状的水稻。于是他利用该株水稻进行试种，发现其子代有不同的性质。因为水稻是自花授粉的，是不会出现性状分离的，所以他猜测该水稻应该是天然杂交水稻。为了证明自己的思考方向是正确的，他把雌雄同蕊的水稻雄花人工去除并授以另一个品种的花粉尝试产生杂交品种。之后他又在试验稻田里找到一株天然雄性不育株，经人工授粉结出了数百粒第一代雄性不育株种子。

1965年7月，他在14000多个稻穗中逐穗检查到了6

株不育株，并在此后两年的选育中，共有 4 株成功繁殖了 1 ～ 2 代。其研究彻底推翻传统经典理论，即米丘林、李森科的无性杂交学说，并推论水稻亦有杂交的优势，可以通过培育雄性不育系、雄性不育保持系和雄性不育恢复系的三系法途径去培育杂交水稻而大幅度提高水稻的产量。之后又经过多年的思考、观察、研究和试验，终于在 1995 年 8 月，袁隆平郑重向全国人民宣布：“我国历经 9 年的两系法杂交水稻研究已取得突破性进展，可以大面积推广生产了。”

“他在近半个世纪的时间里，在杂交水稻攻关的每一个关键时刻，每一个困难面前，都始终坚守目标，锲而不舍进行科学探索；在杂交水稻领域的每一个发展阶段，每一项重大技术创新，都贡献出了非凡的经验、智慧与学术思想。”这是新华社对袁隆平在杂交水稻上所做的贡献的浓缩介绍。“杂交水稻之父”这个响亮的称号，袁隆平真的是实至名归啊，他用心思考、勤劳苦干，磨砺出了坚强的意志，成功荣膺“世界著名杂交水稻专家”的称号。

在我们的生命历程中，思考指引着我们不断向前。只有用心思考，才能在人生中拓展出无限新意，创造出无限精彩。

尽管很多人都知道这个道理，但是真正做起来，却似乎有些困难，尤其是那些正处于人生敏感期的三十几岁的男人们。

一个在广西某大学任教的朋友，30岁之前就出版了多部诗集，32岁就评上了副教授，广东一所高校高薪聘请他去任教。虽然对方开出的条件相当优厚，但是身为广西人的他，实在是不想离开家乡，何况他一毕业就进了这所高校任教——10年了，他早已习惯了这份工作，教来教去就那两门课程，讲来讲去也都是那些内容，可以说，走上讲台授课对他来说再轻松不过，几乎都不用思考。

也正因为此，生活没有了激情，身为诗人的他，很久没有动笔了。

好在他的妻子不想他那么快就进入老年状态，不想他的脑子那么快就生满了锈，希望他能够把握住这次机会，去一个新的工作环境接受新的挑战，活出不一样的精彩来。

最后，在妻子的苦心相劝之下，我的这位副教授朋友接受了广东那所高校的聘请。在新的院校里，他教授两门新的课程，每天不是忙着备课就是忙着上课，很充实很快乐。用他的话说，他锈迹斑斑的脑子得以重新启动了，写诗的灵感又回来了。

勤于思考是一把打开智慧之门的钥匙，我们务必要保管好这把钥匙，绝不能让它遗失，务必要让它伴我们终老。

第四章

三十几岁的男人，好心态是一种豁达的力量

三十几岁的男人，在竞争激烈的社会中谋生存，心灵被浮躁侵蚀在所难免，但只要时刻保持一份好心态，必然能够跨过各种沟壑，越过各种艰难险阻，历经坎坷之后付诸一笑，云卷云舒之时波澜不惊。

01

宽容大度的男人，具有更宽广的发展空间

美国作家辛克莱·刘易斯曾说过：“在这个世界上想有所成就的话，我们需要的是豁达大度、心胸开阔。”宽容大度的男人，他的人际关系会变得更加和谐，而良好的人际关系对事业的发展无疑有着相当大的促进作用。

在我们日常工作生活中与人相处，有时会因一些大事、小事甚至只是一句玩笑话而产生一些摩擦，有时会因一时的粗心大意而出现一些磕磕碰碰之事，使自己或是对方的自尊心和切身利益面临伤害。面对这样的情境，该持怎样的态度呢？

曾经在报纸上看到一则报道，说张某请工友韩某等人到某海鲜馆吃饭。席间，张某跟韩某开了个玩笑，说韩某在码头卸海鲜时私拿别人的螃蟹。韩某认为张某胡说八道，是存心让

自己在众人面前丢脸，就跟张某争吵起来。经在座其他工友的劝说，两人才停止争吵一前一后走出海鲜馆。可是走到门口的他俩，越想越觉得对方不对，越觉得对方让自己受气了，于是在门口两人又争执起来。张某一时气愤，上前挥右拳打中韩某的下巴。韩某后仰倒地，后脑磕在地上的一块石头上，虽然很快被送到医院抢救，但抢救四天以后还是回力乏天。法医鉴定，韩某系头部跌地致严重颅脑损伤而死，法院经审理后认为张某故意拳击他人头部造成他人死亡结果的发生，构成了故意伤害罪，依法应承担刑事责任。

因一句戏言起争执，然后冲动地挥拳头，导致工友死亡，给自己换来 6 年铁窗监禁生活以及终身挥之不去的悔恨，值得吗？

俗话说得好，忍他人之所不能忍，方为人上之人。

在利益面前忍让是一种失去，在名誉面前忍让是一种牺牲，在情感面前忍让是一种压抑……表面看，选择忍让会对我们产生不利，但是我们不可否认，宽容与忍让是积福的根苗，容忍和宽慰是无量的福田。如果在一些小事情、小损失上怎么也不肯让步的话，结果只会让自己失去兄弟之情、朋友之谊、邻里之爱，甚至连生命都失去。

所以说，得饶人处且饶人，要学会原谅对方过激的言论，要学会在忍让中化解矛盾。小忍可以避免争端，大忍可以修身养性。与其在矛盾和冲突面前争得面红耳赤破坏了自己的好心情，不如适当退让使自己赢得更加宽广的生存和发展空间。

美国作家辛克莱·刘易斯曾说过：“在这个世界上想有所成就的话，我们需要的是豁达大度、心胸开阔。”宽容大度的男人，他的人际关系会变得更加和谐，而良好的人际关系对事业的发展无疑有着相当大的促进作用。

有一个青年年轻气盛，脾气比较暴躁，常因一时之气而跟人起冲突，所以他换了很多份工作，每一份工作都是因为跟人有矛盾而没能干长。

一天，青年无意中游逛到了大德寺，正好碰到一位禅师在说法，教人要宽容大度。青年听完之后觉得很有道理，故决定痛改前非，于是对禅师说：“我以后再也不跟人吵架、打架了，免得人们讨厌我。就算别人往我脸上吐口水，我也只是默默忍受，轻轻擦去就算了。”

禅师听了青年的话，笑笑说：“为什么要去擦掉它呢？

让它自己干了就是了。”青年有些惊讶：“为什么不擦掉？让它自己干……为什么要忍受成这样啊？”禅师依然笑着说：“没有什么不能忍受的，只不过是被吐了一口唾沫而已，并不算是什么侮辱。”青年想了想说：“那要是对方不是吐唾沫，而是挥拳头打过来呢？”禅师很淡定地答道：“只不过是一拳而已，不用太在意。”

禅师的话激起了青年心中的怒火，挥拳打在禅师的头上，打完还问：“只不过是一拳而已，不用太在意！”吃过了一记重拳的禅师，依然保持微笑的表情，说：“我的头没什么感觉，你的手打疼了吧？”青年愣在原地……

在这之后，青年便学会了凡事多一些忍让，少一些计较，以一颗宽容大度的心去待人和处世,他的朋友因此慢慢多起来，工作也越干越顺心了。

法国文学大师雨果曾说过：“世界上最宽阔的是海洋，比海洋宽阔的是天空，比天空宽阔的是人的胸怀。”的确如此，宽容大度是一种美德，一个人的心胸有多宽广，他便能赢得多少人心，取得多大成就。

02

微笑，
是男人拥有的最美丽名片

微笑是促成人与人之间友好关系的最佳纽带，是世界上最畅通无阻的通行证，是我们生活中最温暖的阳光雨露，不仅能给我们自己带来轻松愉悦之感，更能让他人感受到我们的真诚与善良。

女人甜美的微笑是善意的表现，是可亲的信号，那么男人呢？男人是不是也要保持微笑呢？男人的微笑又给人传递一种什么样的信息呢？

很多男人认为，男人保持一张严肃的脸更能凸显魅力。其实不然。微笑，能拉近人与人之间的距离，是人与人亲近的最直接表现，所以不管是女人还是男人，都务必要学会微笑待人。而且，对于男人而言，微笑比他们兜里揣着的任何一张名片都有效，因为微笑是最美丽的名片。带着这张微笑名片拼事业闯天下，必然一路畅通、事半功倍。

在日本的寿险业，有一个声名显赫的推销员，他连续15年获得全国业绩第一的“推销之神”称号。这个人个子很小，人很瘦，横看竖看都不吸引人，但是他却有着一张被日本人誉为值百万美元的笑脸——任何时候，对任何人，他都保持着一张婴儿般的微笑的脸，这使他成功地在日本保险界站稳了脚跟，取得了出色的业绩。他就是原一平。

原一平那值百万美元的笑并不是与生俱来的，而是靠后天努力而来的。他23岁那年离开家乡到东京闯荡，在明治保险公司推销员面试现场，主考官对其貌不扬的他不屑一顾，第一句话便是：“你不能胜任。”原一平对此极为不甘，在跟主考官几番舌战之后，他承诺每月卖出保险1万日元，主考官才勉强同意让他做个见习推销员。做见习推销员的最初7个月里，他向客户说得声音都嘶哑了，还是没能推销出一份保险。

为此，原一平努力地去寻找自己失败的原因。结果他发现，公司里那些业绩傲人的推销员同事每天的精神状态都很好，不管是说话的语气还是对人的态度，都是那么令人舒服。原一平明白了：自己要想成功推销出保单，首先要学会微笑待人。

原一平觉得婴儿般天真无邪的笑容最具魅力，所以，他花了很长的时间练习婴儿般的笑容。原一平在练成婴儿般的笑容之后，很快拉近了跟客户间的距离。

原一平生活拮据，为了省钱，他步行上班，中午不吃饭，晚上就睡在公园的长凳上。尽管生活如此艰苦，他还是坚持每天昂首挺胸表现出精神抖擞的样子，并且还总是不时微笑着跟擦肩而过的行人打招呼。

一位绅士经常在同一条路上遇见原一平，看到他每天都那么热情地微笑着跟自己打招呼，于是有一天主动邀请原一平共进早餐。原一平当时饿得两眼昏花了，但他还是微笑地谢绝了。绅士被原一平的微笑感动了，很欣赏原一平做人做事的态度，所以当他得知原一平是保险推销员时，当即便决定在他处买一份保险。就这样，原一平签下了第一张保单。之后，保单雪片般飘向他。一是因为那位绅士是一家大酒店的老板，帮他介绍了不少保单业务；二是因为他微笑待人终于有了成效——他成功地融入他人的世界，跟很多人打上了交道，保单业务自然有增无减。那一年，他 9 个月内创下了 16.8 万日元的业绩，不仅超过了当日面试时他向主考官承诺的数额，更是领先于公司的所有保险推销员。

微笑是促成人与人之间友好关系的最佳纽带，是世界上最畅通无阻的通行证，是我们生活中最温暖的阳光雨露，不仅能给我们自己带来轻松愉悦之感，更能让他人感受到我们的真诚与善良。

所以，我们一定要用好微笑这张最美丽的名片，将这张名片交给身边的每一个人，它必然能够给我们换得一个光明的未来，一个五彩的世界。

03

放下才会自在，快乐才能永相随

世界上没有放不下的事，只有不愿放下的人。人只有放下才能够自在，才能够防止自己走进自寻烦恼的怪圈；人只有想通才能够释怀，才能够从容潇洒地走好人生的路。

世界上没有走不通的路，只有想不通的人；世界上没有想不通的事，只有不愿去想的人；世界上没有放不下的事，只有不愿放下的人。

在人月两团圆的中秋之夜，我收到了一个好友跳河自杀的消息，在为他年轻的生命就此消逝感到悲痛的同时，亦感到十分震惊。到底他身上发生了什么天大的事使他放不下，使他选择在最灿烂的年华里结束了自己的生命？

我的这位好友是个媒体工作者，大学毕业之后到一家电视台做记者。朋友的策划能力非常强，接手的几个栏目在他的组织策划下，收视率节节上升，吸引了众多的广告商前往电视台洽谈合作。由于业绩出色，不到30岁的他跻身中层领导行列。

30岁那年，朋友从栏目组调到了广告部，得工作之便认识了一位美丽大方的同为媒体人的姑娘，两人情投意合，很快便喜结良缘。婚后他的事业发展依然很顺利，在广告部一个月拉的广告比很多同事一年拉得还多，收入越来越高。

通过工作，朋友跟人打交道打多了，手上的资源越积越多，在他觉得自己的原始积累足够多时，便辞职出来，拉上几个投资商出资开始创业。

朋友是个音乐发烧友，吹拉弹唱样样精通，所以辞职后的他开了几家咖啡店，跟几个朋友组了个乐队每天晚上在自己的店里巡回表演，这样的生活惬意而舒适，收入更是不低。

不过，朋友一直以来都有个烦恼，那就是他的妻子因为身体原因，没法孕育下一代。已然三十几岁的他，在家里老人的催促和逼迫下，只好跟妻子离婚再娶。新娶的媳妇很争气，结婚不过一年多就生下了一个白白胖胖的小宝贝，全家人都沉浸在喜悦当中，而他更是喜上眉梢。

原本以为他会就这么幸福快乐地生活下去，可谁知，一次他跟朋友喝茶聊天时聊起自己的前妻，表示他此生最爱的依然是前妻。他的话不知道怎么就传到了现任妻子的耳朵里。妻子跟他大吵多次还不解气，甚至还找到他的前妻撒泼。他一时气愤，脱口而出要跟妻子离婚。说出去的话如泼出去的水，妻子听到“离婚”二字便发了狂，趁他不在家的时候带着孩子回了娘家。他苦苦哀求，妻子也不愿与他重归于好。最后，又落得个离婚的下场。

有朋友劝他说，既然他对第二任的妻子并无感情，离了就不要再多想了，好好地拼事业过好以后的日子就罢了。但是他一直纠结法院把孩子判给了妻子，只允许他每周看望儿子一两次。他觉得这太残忍。此外，让他难受的还有一件事，那就是他的前妻找到了新的归宿。他觉得自己的世界像是突然被掏空了一般……所以，才三十几岁的他就选择了一条不归路。

其实，人生坎坷几许，烦恼诸多，若是常常想不通也放不下的话，只会让自己背负上沉重的包袱，使自己的脚步越来越蹒跚，使自己的生活越来越苦涩。

美国著名作家梭罗曾说过：“一个人越是有许多事能够

放得下，他就越是富有。”在人生旅途中，人只有将那些困扰自己、束缚自己的东西放下，才能迈出洒脱的步伐，活出真我的风采，快乐才会永相随。

一个青年背着一个大大的包裹千里迢迢地跑去找一位大师，他说自己走了几万里的路，磨破了好几双鞋子，身上的伤痕也越积越多，问为什么还是没有到达成功的彼岸，问还要走多久才能到目的地。青年说自己就要崩溃了，活得实在是太痛苦了。

大师没有直接回答青年的问题，而是问对方：“你背那么大的包袱在身上，不累吗？”

青年答：“累！但是我又不能将包袱以及包袱里的东西舍弃，它们对我来说很重要。”

大师又问：“有多重要？它们能让你的步伐轻盈，能让你快速地奔到终点吗？”

青年摇摇头道：“不能！它们反而加重了我的步伐，使我举步维艰。”

“那就放下，别让它们羁绊你前行的路，拖累你。”

“不行的！里面有我一路走来所有的记忆，有我跌倒时的无助，有我孤独时的无奈，有我失败时的悲伤，有我生病时的痛苦……总之，里面装的都是我难以磨灭的记忆，要是放下它们，我的人生就不完整了。我要让过往的伤痛一路陪伴着我，时时提醒着我要勇敢向前，不然之前所受的苦痛就白费了！”青年抱紧自己的包裹，就是不肯放下。

“既然你不愿放下，那就带着它们继续往前吧。”大师无奈地摇摇头，指着前方那条大河对青年说道，“你想要到达的成功彼岸就在前方，渡过那条河就到了。就让我送你一程吧，助你尽快到达你想要到达的地方吧！”

说完，大师带着青年登上了一艘大船。到了河的对面，上了岸之后，大师让青年扛着刚才他们搭乘的大船赶路。青年惊讶地问：“为什么要扛着它赶路啊？船那么沉，我扛得动吗？”

大师微微一笑，道：“是的，船很沉，你扛不动，但是你必须要扛，因为这艘船对你来说也是一个记忆！它的存在对你具有一定的鼓励作用！正如你身上背着的这个包袱，很重，但是你还是会继续扛！”青年听罢大师的话，若有所思地低下了头。

“孩子，过河时，这艘船对你来说是必不可少的，但是过了河之后，它对你来说就暂时无用了。为什么你不放下它，让自己轻松地上路呢？让你放下，不是让你忘记，而是让你别让心灵的重负累了自己的心，带着过重的心理包袱赶路只会加深自己的痛苦，影响自己前行的速度和效率。”大师语重心长地说，“失败、痛苦、孤独、寂寞……这些对一个人来说是一份宝贵的经历，是不能忘，但是却不能对此念念不忘，使其变成包袱压在身上，生命哪里能承受得了如此多、如此大的负重啊？”

的确，人只有放下才能够自在，才能够防止自己走进自寻烦恼的怪圈；人只有想通才能够释怀，才能够从容潇洒地走好人生的路。

04

拥有阳光心态者，心必存光明远景

阳光心态是一种信心，也是一种勇气，能让人变得豁达自信，在困难与挫折面前毫不畏惧。阳光心态是一种态度，也是一种力量，能使人起伏的心情变得豁然开朗，历经各种坎坷之后还能粲然一笑，在云卷云舒之时始终保持荣辱不惊。拥有阳光心态者，心必存光明远景。

常常在报纸杂志上看到一些有关高官、首富或是名人的子女闹出一些打架斗殴吸毒的丑闻，或是一些穷人家的孩子因为贪慕虚荣而走上犯罪道路的新闻，为什么会出现这样的差异呢？我想很多人跟我一样，应该都很认真地思考过这个问题。你说那些衣食无忧的富家子弟、千金小姐为什么就不能好好地过活，非要去做一些令人唾弃的事呢？而那些生活贫困的孩子们又为什么不好好地读书，用知识去改变自己的命运呢？原因就在于心态。

拥有阳光心态者，心必存光明远景。尽管每个人的出身环境、生活境况和发展遭遇完全不同，但是有一样大家是可以共同拥有的，那就是阳光心态。具有一份阳光心态者，不计较得与失，看淡自己手上所拥有的或者所没有的，珍惜自己所拥有的，努力去追求自己所没有的。

阳光心态是一种信心，也是一种勇气，能让人变得豁达自信，在困难与挫折面前毫不畏惧。

阳光心态是一种态度，也是一种力量，能使人起伏的心情变得豁然开朗，历经各种坎坷之后还能粲然一笑，在云卷云舒之时始终保持荣辱不惊。

在大家心目中，刘翔就是个神话。可是当他站在起跑线上，在起跑的枪声鸣响之前做了一个令全国人民都极为震惊的决定：退赛。

对于刘翔来说，经历了雅典奥运会的一鸣惊人之后，整个人身上闪着无数耀眼的光芒，一夜之间红遍了世界的每一个角落，不仅给他带来无数的荣誉，更是给他带来无限的商机。

可以说，他全身上下每一寸肌肤都是金子，去到哪里都十分光彩照人。然而，2008年北京奥运会上，被誉为“亚洲飞人”的他竟然临阵选择退赛！不管基于怎样的原因使他做出这个极为艰难的决定，人们还是对此结果表示难以理解。为什么选择在那个关键时刻退出比赛？要么一开始就别到赛道上去，要么就坚持跑完，不管成绩如何大家都会支持和包容他的。可是刘翔却在这个最敏感的时刻做出了让世界人民都不可理解的决定，所以，不知有多少负面情绪和消息向他扑去。

面对铺天盖地的声讨声、指责声甚至是谩骂声，刘翔是如何应对的呢？其实，最终因为腿伤而选择退赛的刘翔，比世界上所有的人更加悲伤，更加无奈，因为他不仅与冠军奖杯失之交臂，更受到了“千夫所指”。然而，刘翔并未因此感到人生灰暗、生活无趣，反而坦然接受，以阳光心态去面对这一切，他只说了一句：“我会勇敢面对，决不放弃！”之后他专心疗伤，完全不管外界的闲言碎语，在状态不错之时会偶尔参加一些小赛事，每次比赛成绩都不错。——他要用他的实际行动证明，自己是完全有实力再夺冠的！

2012年8月，刘翔第三次站在奥运会赛场110米栏的跑道前。这一次，他脚上还是带着伤，只不过经历过北京奥运会退赛之后的风风雨雨，这一次他的选择是，无论如何都要坚持跑完。结果，意外还是发生了，他在男子110米栏预赛第六小组中，在跨越第一个栏时就打栏被绊倒而遭淘汰。这是他继北京奥运会后再次因意外无缘冠军争夺。但刘翔的这次失利得到的不是指责声而是赞扬声，大家为他带伤比赛并坚持完成比赛的精神所感动——虽然没拿到金牌，但是他的奥运精神在，他的韧性在，他的信誉以及光环都还在。

尽管人们并没有半点儿指责他的意味，但一次又一次地失利，一次又一次地沉浮，人们还是担心他会有心理负担，但刘翔却一直以阳光心态对待这些。他认为“胜败乃兵家常事”，只要自己一直不放弃，一直在努力，就有再获胜利的一天!

阳光心态是成功者所要具备的最基本要素。在我们的日常工作和生活中，顺境与逆境交替存在。我们不仅要在顺境中居安思危，更要在逆境中磨砺自己，在遭遇困难挫折之时，在遇到艰难险阻之时，以阳光心态看待，积极地面对，才能勇敢地向前!

刘翔跟全世界人民一样，都希望自己能够在2016年里约奥运会上华丽回归赛道。然而，经过一段时间痛苦地治疗，腿伤严重的他到底还是不能再在赛场上奔驰了。“再见！我的跑道我的栏。从今天起，我将结束我的职业运动生涯，正式退役。这是自己反复深思熟虑，最终做出的决定。虽然不舍，虽然痛苦，但我别无选择。”2015 年 4 月 7 日，刘翔在个人微博上宣布退役，同时给自己做了个新的人生规划——去完成剩余的学业，同时也将带着运动生涯中所学习到的宝贵经验再次去飞翔，去做一些对中国青少年体育发展和提升国人健康体质有利的事。相信今后的他，在阳光心态的相伴之下，必能在新的领域创造出新的神话，活出全新的自己。

保持阳光心态，才能积极面对人生；保持阳光心态，才能享受快乐人生。我们要像刘翔那样，始终保持阳光心态，始终相信“再深的巷子也能走出那个天”，人生终究是美好的，困难和挫折只是暂时的。

05

世界向来不公也从不完美，唯有坦然面对

这个世界向来不公，也从不完美。既然我们改变不了不完美的事实，对抗不了世界的不公，那就唯有放开心胸敞开怀抱，勇敢地接受一切不公和不完美，挺起胸膛傲然面对一切苦痛与忧伤。

美国曾经做了一项民意调查，问了很多人愿不愿意用克隆的方法获得一个完美的孩子。结果有6%的人欣然应允了，但是有76%的人则毫不动心，他们认为一切顺其自然就好，因为世界上没有谁一出生就是完美的，也没有任何一样东西或是一件事会是完美的。

有位朋友，他的母亲在过世之前送给他一条很漂亮也很大气的金项链，不过可能是因为母亲收藏了太久的缘故吧，项

链的色泽有些暗淡，形状也不再是圆形而趋于椭圆形了。朋友将其戴在脖子上，横看竖看总觉得不太好看。于是他让妻子拿项链去饰品加工铺让师傅帮忙加工一下，恢复其又圆又亮的原貌。师傅很用心地修整了，结果他将修整过的项链重新戴到脖子上时，感觉比之前的好很多了。不过没几天他又发现了新的问题，项链的扣子上有一道小小的细细的划痕。虽然划痕很小，不仔细看根本看不出来，但是朋友心里还是很不舒服，总觉得老天爷对他太不公了——给了他一条那么漂亮的项链，却是有“伤痕”的。不完美的项链戴在脖子上怎么看怎么别扭。于是，他让妻子把项链再次拿去给师傅修整。师傅看了看那道划痕说无伤大雅，不用修的，修了反而麻烦。但是朋友的妻子说他们不嫌麻烦，硬是让师傅修。于是，师傅在划痕处洒了一些金粉，高温将其跟项链的扣子融合在一起，然后再磨光滑，就这样把划痕给掩盖起来。

有些东西，一旦有了伤痕，不管通过多么先进的现代技术去遮掩，其结果还是一样，伤痕依然还在，只是显现出来的深浅程度不一罢了。

被掩盖起来的划痕让我的朋友心里有了疙瘩，总觉得老天爷对他不公，觉得那条项链不完美，戴在脖子上浑身不自在。后来，他找师傅把整条项链都熔掉了，打了一个手镯送给妻子。项链变成了手镯，它就获得了新生吗？当然不是了，朋友对它依然心存芥蒂，依然觉得世界不公。

朋友一开始就接受不了世界的不公平和不完美，对存在瑕疵的项链十分介意，以至于用尽了办法想让项链变得完美起来。殊不知，世界上完美的事物本不存在，越是想彻底消灭瑕疵，越是觉得瑕疵在无限变大。

冯小刚在女儿冯思语18岁的成人礼上说了这么一段话："亲爱的女儿，现在你要开始接触到真正的人生了，生活有时候并不像你想象的那么公平，世界上没有完美的事物，要学着面对一切真实，接受一些不完美。"

伟大的无产阶级革命作家车尔尼雪夫斯基也曾经说过："既然太阳上也有黑点，人世间的事情就更不可能没有缺陷。"这个世界向来不公，也从不完美。有的人拼尽一生也赚不了多少财富，而有的人却能够一夜暴富；有的人用尽每分每秒也攀爬不上知识的高峰，而有的人一跃身就能登上知识的巅峰；有的人时时处处小心，可还是逃脱不了厄运来袭，不是病魔缠身就是意外频生，而有的人总是粗心大意，却能够健康长寿、幸福绵长。

既然世界上没有所谓的完美，也没有绝对的公平，那我们就要学会坦然面对，学会坦然接受，能弥补的尽量弥补，不能弥补的就努力让这种不公或不完美成为自己成功的助力。

读大学的时候，我有个师兄，名叫方宏川。他出生于一个普通农民家庭，10 岁那年一次意外使他失去了双手。他曾经怨过老天爷，怪老天爷对他如此不公和残忍，但是事实已摆在眼前，他再怎么怨恨也找不回失去的双手，唯有咬牙接受这个事实。他用胶带把汤匙和手腕绑在一起吃饭，用胶带把笔和手腕绑在一起写字……尽量自己照顾自己，尽量想办法缩小自己跟正常孩子之间的距离。他要像正常孩子一样去常规学校读书学习。

因为他的坚持和自信，父母最终拗不过他，送他进了普通学校就读。他在正常孩子的圈子里成长，不仅看到了自己的不完美之处，更激励自己勇于接受事实，勇于面对现实，并努力去弥补自己的不完美。比如他无法像正常人一样用双手去洗衣服，他就用两个手臂去洗去搓……他的生活就这样从洗衣服开始慢慢进入了正常人的行列。虽然他的手不怎么灵光，但是他的脑袋一直在转动着，在生活上和学习上，他一点儿也不比别人差。

2002年的某一天，方宏川去县残联换残疾证时得知了一条有关残疾人体育运动方面的信息，他便抱着试试看的心理向残联自荐，介绍自己平时在学校运动会上取得的优异成绩。不久，残联的同志就接他去南宁进行测验，结果他跑出的成绩让当时在场的领导非常兴奋，当即让他回去加强训练以备参加全国的体育赛事。之后，方宏川一边学习一边利用课余时间进行紧张的训练。在第六届全国残疾人运动会上，方宏川获得了男子T45级400米、800米的第二名，200米第三名，4×400米的第四名，并且还打破了男子T45级400米的全国纪录和该项目的世界纪录。从此之后，方宏川便走上了体育运动这条道路。

高考过后方宏川被广西工学院录取了，进入了人生另一个重要阶段。大学期间，他依旧一边训练一边学习，不仅拿到了国家奖学金，而且还多次获得多项体育赛事大奖：2004年第五届广西大学生运动会上获男子甲组800米第五名及4×400

第一名；2005 年全国残疾人田径锦标赛上获男子 T46/45 级 400 米第六名并破了该项的全国纪录……

既然世界有如此多不公，不让你我他拥有完美的一切，那我们就努力让自己拥有完美的心态吧。既然我们改变不了不完美的事实，对抗不了世界的不公，那就放开心胸、敞开怀抱，勇敢地接受一切不公和不完美，挺起胸膛傲然面对一切苦痛与忧伤吧。

06

活在当下，珍惜眼前所拥有的一切

活在当下，是一种人生享受，也是一种人生智慧，更是一种积极向上的人生态度。唯有过好今天，才能寻找到美好的明天；只有活在当下，才能更好地把握辉煌的未来。

曾在《活在当下，幸福不在远处》一书中看到这样一个故事。

儿子读小学二年级时，老师留了一项作业，要他们当小记者访问一下爸爸。其中有一个问题是：爸爸的愿望是什么。爸爸说他有三个愿望：第一个愿望是吃得下饭，第二个愿望是睡得着觉，第三个愿望是笑得出来。儿子看了看爸爸说：“别人的爸爸都有着伟大的愿望，做科学家、航天员什么的。你这愿望，存心就是害小孩。”爸爸说：“要不然你照我的话写完之后，再写一篇《我眼中的爸爸》附在后面，让老师了解你不是随便写的，而是你爸爸的本性就是如此。”儿子觉得有道理，于是很快写了一篇没分段的作文。

第二天，爸爸问儿子：“老师怎么说？”儿子挠了挠头，有点儿不好意思地说：“老师上课时叫我到前面，说我的访问和作文写得非常好，给我98分，是全班最高的，比班上的模范生还高，还把我的作文念给全班听。”

“那她有没有说为什么？”

“她说她先生的工作最近不太顺利，已经有好几天睡不着觉，也只吃得下一点儿东西。说你的三个愿望很有意思。”

很意外老师给予这位小朋友如此高分吧？其实仔细想想，老师给100分也不算高。或许很多人都以为，幸福很遥远，幸福是要摘取到成功的桂冠，是要攀登到知识的高峰，是要获得各种各样的殊荣……殊不知，幸福其实很简单，简单得只要每天“吃得下饭、睡得着觉和笑得出来”就好。为什么？因为这三个看似小小的愿望，凝聚着一个人生大道理，即活在当下。

只有活在当下，珍惜眼前所拥有的一切，才是人生最美满的选择。很多人对于过去耿耿于怀，然后又不切实际地去展望未来，而完全忘记了珍惜眼前的每一分每一秒。要知道，眼前的每一分每一秒可是通往美好未来的必经之路啊！很多人对于昨天总是不甘心，总想着明天要过得更好，而完全忘记了要过好今天。要知道，一辈子可是由无数个今天组成的，活好今天，活好每一天，便是活好一辈子啊！

我的姨丈25岁之前很穷，穷得常常吃了上顿没有下顿。后来我的母亲见他们一家实在太可怜了，便借给他一笔钱让他去创业。姨丈拿了母亲借给他的那笔钱投资建了一个木材加工厂。我们所生活的城市是棺材产地，对木材的需求量非常之大，当时当地的木材厂屈指可数，姨丈算是找对了投资项目，也选对了时间投资，所以他的木材厂生意越来越红火。不过5年的时间，姨丈已经在三个不同的城区连开了3家木材厂了。

随着生意越做越大，姨丈的身家也越来越丰厚，不过三十出头的他又看到了新的商机。为了使自己的木材厂能够拿到第一手好货源，他把大部分资金调去承包了几个山头种植树木。

如此一来，他砍伐自己种的树木进行木材加工，然后再将成品出口边境，降低了成本，利润翻了好几番，不过三五年的时间，他就跻身千万富翁的行列。之后，他将自己的资金拿去投资买地、买房、买商铺，然后一转手又赚了几倍。不知道是运气来了还是姨丈真的很有投资眼光和商业头脑，反正他三十几岁那些年，做什么都是大赚特赚。

不过姨丈 39 岁那年，遭遇金融危机，木材厂生意一落千丈，他的其他投资也总是失利，身家一下子缩水了一半。当时阿姨非常不甘心，打算把全部身家都押上，姨丈及时拉住了她。姨丈觉得他们夫妻俩为了积累这些财富，耗了 14 年的心血，这 14 年来，虽然他们每天都有高额进账，但是他们有多辛苦有多累，只有他们自己知道。如今，经济大环境那么差，他们如果再继续进行各方面的投资的话，再继续经营他们那风雨飘摇的木材厂的话，恐怕有一天会输掉所有身家，血本无归。为了保住这些年辛苦攒下的财富，也为了不再透支自己的身体，让自己能够活得轻松一些自在一些，姨丈最后决定在他即将步入四十不惑之年时把木材厂卖掉，将手上所有的投资也都收回。他要活在当下，暂时“退休”，好好地享受生活，待金融市场回暖之后，再寻找新的钱生钱的办法进行新的投资。

活在当下是一种生活态度，也是一种人生享受。人，只有活在当下，才能以阳光的心态迎接雾霾，迎接狂风，迎接暴雨；人，只有活在当下，才能将现有的幸福牢牢地抓住，规避一些不必要的风险。

活在当下是一种人生智慧，更是一种积极向上的人生态度。唯有过好今天，才能寻找到美好的明天；只有活在当下，才能更好地把握住辉煌的未来。

第五章

三十几岁的男人，事业有成是男人最好的标签

三十几岁的男人，一定要拥有属于自己的事业。因为事业是男人生存和发展的基础，是男人个人价值的最终体现，男人就是要为事业而生，为事业而战。没有事业的男人无力承担社会赋予的责任，无力挑起一个家庭的重担。为了担起社会和家庭赋予的双重责任，男人们一定要用事业来武装自己，用成功的事业为自己的家庭撑起一片天，为社会贡献出自己的一份力。

01

事业
是男人在社会上安身立命的保障

俗话说得好：家无男人不成家，男人无事业不成气候。事业是男人个人价值的最终体现，男人就是要为事业而生，为事业而战！没有事业的男人，根本就无力承担社会赋予的责任，无力挑起一个家庭的重担。只有拥有事业的男人，才能够担起社会和家庭赋予的双重责任。

事业是男人个人价值的最终体现，男人就是要为事业而生，为事业而战！没有事业的男人，根本就无力承担社会赋予的责任，无力挑起一个家庭的重担。只有拥有事业的男人，才能够担起社会和家庭赋予的双重责任。

老王的儿子小王已经三十几岁了，大学毕业都十年了，还是一事无成。别说创出什么大事业，就连一份稳定的工作都很快他的软件开发公司便成立了！在他和几个老同学的苦心经营下，公司的业务越做越大，利润越来越高，没几年他就赚到了他人生中的第一桶金。

这时，三姑六婆都找上门给小王介绍对象，但是小王都一一婉拒了。小王心仪的对象是住在他家楼上的小张妹妹。小张妹妹比小王小7岁，这会儿研究生刚毕业，正是该处对象的时候。

小张妹妹起初对小王并没有太多的好感，但是经过几次相处，被小王那种拼事业的干劲打动了。

当小王事业有成，又终于成功将心爱的女生娶回家，生了个可爱的小宝宝时，他发出了这样的感叹："作为男人，就应该积极主动地去承担社会和家庭的重任，成就一番事业，这样才不白活一回。"

是的，要做个顶天立地的男子汉，就一定要有属于自己的事业！事业对于男人来说，跟生命一样重要！俗话说得好：家无男人不成家，男人无事业不成气候。身为一个男人，你可以不做高官，也可以不是亿万富翁，但是却不能没有自己的事业！

事业是男人生存和发展的基础！没有事业的男人，内心是空虚的，生活是无趣的。事业有成的男人，具有超强的自信心和无限的魅力，内心是强大的，生活是多彩的。所以，男人们一定要用事业来武装自己，用成功的事业为自己的家庭撑起一片天，为社会贡献出自己的一份力。

02

理念和实践主动统一，方能成就一番大事业

拿破仑曾说过：“行动和速度是制胜的关键。”一次实际行动胜过千千万万遍的心动。因为行动是成功的前提，你不迈出第一步，你永远也不会成功。人只有在想到之时立刻付诸行动去实践，才有可能先于人取得胜利，获得幸福。

有些人，出身不好，学历也不高，更没有什么精湛的技术，但是他们却能够满载财富在商海中扬帆起航，为什么？因为他们将理论和实践统一了起来，抢抓机遇，这才掘到了一桶又一桶金。

有些人，出身不错，学历也高，更掌握了某方面高深的技术，但是他们的荷包一直都鼓不起来，为什么？因为他们没有实际行动力，所以错失了很多成功的良机。

人，光有理念和技术是不行的，还要付诸实践，否则，再好的理念也只能是空想，再精湛的技术也无法用在刀刃上。

纵观古今中外的成功人士，他们有一个共通点，那就是“理念和实践主动统一”——他们一旦有了理念，便会锁定目标马上行动起来，不达目的绝不罢休。

理念和实践主动统一是一种良好的个人习惯，是一种积极的人生态度。只有将你的理念付诸行动，才能走向成功。

曾经看到过一个关于两个年轻人一同搭船到异国闯天下的故事。

这两个年轻人，一个来自以色列，一个来自美国，两人下了码头之后，正好看到一艘豪华的游艇从海面上缓缓驶过，两人都对其投去了艳羡的目光。

以色列小伙子为此发出如此感叹：“如果有一天，我也能拥有一艘如此美丽的游艇，那该有多好啊！”美国人点点头表示赞同，他心里也默默地期待着自己有一天能拥有自己的游艇。

既然想要买游艇，那就得赶快去努力赚钱才行。

以色列小伙子提议将他们两个人身上所有的钱都拿去投

资做快餐店，因为他看到码头边上的一个快餐店生意很好。但是美国人觉得还是开咖啡店比较好，因为他觉得人们的消费水平在日渐提高，快餐店很快就跟不上时代的步伐了，咖啡店有点儿小资的意味，是时代发展的趋势所在。

两人为了到底开什么店闹得很不愉快，结果分道扬镳，各自去为自己的游艇梦奋斗了。

以色列人跟美国小伙分别之后，选了一个人流比较多的地方投资开了一家快餐店。由于他诚信经营，很快就将快餐店做大做强，在当地开了不少的分店，他也慢慢变得富裕起来，别说是一艘游艇了，十艘都买得起。

有一天，以色列人欲驾着他的游艇出海，突然看到一个衣衫褴褛的人蹲在码头的一角，他仔细一看，认出了那人就是当年跟他一起来这里闯天下的美国人。

以色列人邀请美国人到自己的游艇上玩，顺便问对方这些年来都做了些什么，怎么弄成这个样子。

美国人说，这几年他都一直在想，到底自己要做什么投资，结果就成这样了。

俗话说得好，想到就要做到，再好的想法也需要行动来检验。行动是成功的前提，不迈出第一步，你永远也不会成功。

哥伦布发现新大陆后不久，参加了一次西班牙的欢迎会，会上有位贵族口出狂言，说发现新大陆没什么了不起，哥伦布只不过是一直坐着轮船往西走，走着走着就在海洋中遇到了一块大陆。

对此，哥伦布不作分辩，微笑着从餐桌上拿起一个煮熟的鸡蛋说：“不知在座的哪位英雄能够将鸡蛋小头朝下竖着放在桌面上呢？”

宾客们个个动手尝试，但是大家想尽了办法都做不到。那位贵族又开口了：“这是根本不可能做到的事！怎么能把鸡蛋竖着放在平滑的桌面上呢？这绝对不可能做到！”

哥伦布微微一笑，将手中握着的鸡蛋的小头轻轻地往桌上一敲，鸡蛋就稳稳地竖在桌面上。宾客们先是一片哗然，紧接着就不约而同鼓起掌来。

可是那位贵族依然不服气，哼了一声说道：“把鸡蛋敲破了竖起来，谁不会呀？有什么了不起的！”

哥伦布点点头，依然微笑着对全场的宾客说：“没错，一些事看起来实在是再简单不过了，但是你亲自去做的话，它未必就是简单的；有些事做起来也非常容易，就像把熟鸡蛋立起来这事，可是为什么我做到了，而各位却没做到呢？差别就在于，我想到了，也去做了，而大家或许也想到了，但是却没有去做。”

有想法有理念自然好，但是有想法有理念却没有去实践、去行动的话，依然成就不了什么大事业。拿破仑曾说过：“行动和速度是制胜的关键。”一次实际行动胜过千千万万遍的心动。人只有在想到之时立刻付诸行动去实践，才有可能先于人取得胜利，获得幸福。所以，如果你想要穿过岁月的重重迷雾，使自己的生命展现出别样的风采的话，那么请务必拿出勇气来，拿出行动力来，将自己的理念和实践统一起来。

03

不甘于平庸的男人，要用超强的事业心来武装自己

男人总要有“野心”，要在专业领域占有一席之地，要被社会认可，要被家里人赞许。因此，务必要用超强的事业心来全面武装自己，使自己有信心有能力在专业领域一展所长，使自己有资格有能力担起兴家发家的重任。

有人说，男人的事业心太强是一种精神残疾。因为他们觉得，一个人的心是有限的，一个男人如果太过于在意和紧张自己的事业的话，就会忽略了家庭、爱情、亲情、友情，也就是我们常说的，在其他方面会缺爱，甚至会变得“爱无能”。可是在更多的人看来，男人的事业心强，是因为不想被同龄人超过，是为了给自己和家人带来更好的生活，带来优越感、幸福感和满足感。

而且，男人总要有“野心”，要在专业领域占有一席之地，要被社会认可，要被家里人赞许。因此，务必要用超强的事业心来武装自己，如此才能为自己赢得更多的鲜花和掌声，为家人和自己带来幸福美好的生活。

小黄和小李是大学里的一对情侣，在小黄毕业前两人进行了一次深谈。小黄考到某个县的某个乡镇做公务员，可是比小黄晚一年毕业的小李却坚持要小黄留在城市里就业。但是小黄觉得，他好不容易考上了公务员，虽然是在乡镇里，工资也不算高，但是好在够稳定，他先去那个小乡镇里工作，待小李第二年毕业之后也去考那个小乡镇的公务员，两个人在那里建一个小家，生两个可爱的小宝宝，就这么简简单单地过一辈子多惬意啊！然而，小李始终觉得小黄一个大男人就应该在城市里打拼，去一些大企业就职，奋斗个几年混个高管的位子坐，而不该满足于在一个小小的乡镇做一个小小的公务员。尽管小黄一再强调，他可以通过自己的努力一步一步地向上晋升，可小李觉得小黄的起点实在太低，怎么爬也爬不到高位，更何况小黄家一贫如洗，没有半点儿能力能助他步步高升，若是他去企业的话，凭他的实力应该会容易些。两人因职业选择问题不知道吵了多少次，最终还是无法达成共识。小黄最后还是坚持自己的选择，毕业后收拾了简单的行李去了那个乡镇。

大部分女生在挑选男朋友或是老公时都喜欢挑事业心强的男人，为什么？因为事业心强的男人不仅能够实现自我的人生价值，有良好的发展前景，而且还能够给家人带来高质量的生活。所以，当小李感觉到小黄是个事业心不强甚至是没有事业心的平庸男人时，很快便提出了分手——她可不想一辈子跟着一个小小的公务员过着“杯水车薪”的日子。

分手后的小黄虽然受到了很大的打击，但是始终认为自己的选择没有错。既然跟小李有缘无分，那就无须多想，找了个跟他一样在乡镇做公务员的女子组建了一个小家庭，生了个白白胖胖的小家伙，一家三口快乐地生活着。

小黄原本以为自己会一直开开心心地生活下去，然而，当他年纪越来越大，身边比他小的同事不是高升了就是走出乡镇去大城市高就了，他便有些忧心了。然而，正如当年小李所言，他没有合适的机遇，多年来不管他怎样勤勤恳恳地工作，也还只不过是个小小的公务员。他的妻子见他年过三十了还是拿那么一丁点儿工资，一家三口每个月仅靠两人加起来不到4000

元的工资生活，房子车子买不了也就算了，想生第二个孩子都不敢，因为养一个孩子都很吃力了，所以不止一次念叨他这个一家之主没有能力成为一家之“柱”。对此，小黄表示很无奈，可是又有什么办法呢？

男人的黄金时期是从22岁到30岁。这几年时间，是打基础创事业的最佳时机。这个阶段的男人若事业心不够强的话，那么便会缺少足够的自信力和昂扬的战斗力为自己在职场上杀出一条血路。

男人的最佳奋斗期是30岁到40岁。这个时期的男人，若是前一时期基础打得好的话，那么只需要守住自己创下的事业即可；若是之前没有遇到好的时机打下一片天的话，此时便可以大展拳脚，全力进攻，奋力拼搏。如果处于这两个阶段的男人事业心都不够强的话，那么这辈子就只能默默无闻、平平庸庸地过一生了。

当今社会，男人在家庭里担着很重的担子，加上现在的消费水平不断提高，为了提高家里的生活水平，男人的事业心只会越变越强。

当妻子问小黄，是不是想一辈子就这么庸庸碌碌地过了。

小黄想了想，最后决定用强大的事业心来武装自己，给自己和家人创造更好的生活环境。于是，他放手一搏，把妻子和孩子留在乡镇过稳定的生活，自己辞职去城市应聘进了一家大企业做职员。经过一两年的打拼，他从一个小小的职员升到了项目主管。之后又一步步努力向上，在39岁那年，小黄终于挤进了公司中层领导的行列，年薪几十万，足够他在城里首付买套房了。后来，我想大家也都猜到了，小黄把妻儿接到了城里来生活，给妻子创造了一个良好的工作环境——公司给妻子安排了一份工作，也给儿子创造了一个良好的学习环境——儿子入读了一所名校。

如果你正处于男人的黄金时期或是最佳奋斗期，那么就一定要用超强的事业心来武装自己，使自己有信心有能力在专业领域一展所长，使自己有资格有能力担起兴家发家的重任。

04

责任是卓越的原动力，每个男人都要具有强烈的责任心

现代化的发展，科技的进步，都需要德才兼备的人才。身为顶天立地的男子汉，自然要首当其冲地担起发展科技、推动社会现代化的重任。这就需要男子汉们具有强烈的责任心，因为责任心可以养德，可以树德，责任心是金，是卓越发展的原动力。

责任心能够推动一个人克服一切困难，将自己潜在的能力淋漓尽致地发挥出来。也正是因为人类责任心的存在，才推动着社会不断向前发展。

被誉为“美国当代最成功最伟大的企业家”的美国通用电气公司的首席执行官杰克·韦尔奇，一直以来都被中国企业家当成明星追捧。杰克·韦尔奇带领着通用电气公司从一家制造业巨头转变为以服务业和电子商务为导向的企业巨人，使具

有百年历史的通用电气成为业界真正的领袖级别的企业，这完全得益于他拥有一颗超强的责任心和一种坚定的信念：“为客户创造价值，让顾客感受到产品的优良品质。”

小时候的杰克·韦尔奇身材矮小，口吃，为此有些自卑，母亲就不断地鞭策他、鼓励他，让他克服口吃。不过一直到杰克·韦尔奇工作了之后，他的口吃也未能完全克服，不过这并未阻碍他带着一颗责任心发展事业。

杰克·韦尔奇获得化工博士学位后进入通用电气塑胶事业部工作，正式开始了他的职业生涯。杰克·韦尔奇在通用电气公司的第一项任务是找一个制造 PPO 的示范场地建工厂。他花费了许多心血和精力找到了一座破败的楼房建工厂。一年之后工厂建起来了，尽管他因此得到了公司领导的认可，但是他觉得这家公司奖惩制度不明确，官僚主义严重，体制也僵化，对他为客户创造价值有一定的阻碍性，于是他准备辞职去其他公司工作。他的部门负责人鲁本·古托夫认为杰克·韦尔奇是个可用之才，最后以“利用大公司的资源为韦尔奇创立一个小公司的工作环境”的条件将他留下。

打消了离职的念头之后，杰克·韦尔奇做了 PPO 工艺开发项目的负责人。当时，PPO这种材料并不起眼，而且它似乎很难塑造成型，市场前景并不被人看好。但是在杰克·韦尔奇的坚持下，最终制成了一种在高温下具有很高强度的容易塑造的材料——诺瑞尔。杰克·韦尔奇大胆地向通用公司建议投资1000万美元建一座诺瑞尔加工厂，得到公司认同之后，他便毛遂自荐带着众人挑起了制造和销售诺瑞尔的大梁。

尽管大家对诺瑞尔市场开拓有着无限的担忧，但是杰克·韦尔奇却非常自信，他认为可以用诺瑞尔为广大消费者创造最实用的价值,因为当时所有的家用器具都是用金属制造的，通用公司用塑料来代替金属做家用器具，既轻便又实惠，这对广大消费者来说绝对是福音。

之后，杰克·韦尔奇不仅用诺瑞尔做了家用器具，还做了电动罐头起子,甚至还用它来制造汽车车身和计算机外壳等。成品出来了，接下来就是推销了。杰克·韦尔奇推销的第一站是通用的内部企业。当时人们对杰克·韦尔奇用塑料制出的产品的反应是将信将疑，不过在杰克·韦尔奇的竭力推荐之下，人们试用了，结果发现真的比其他材质的好用。1968年，杰克·韦尔奇对诺瑞尔各种产品的推销获得了巨大的成功，他因此成为聚碳酸胺脂和诺瑞尔这两种塑料制品部门的负责人，成为通用电气分公司最年轻的一位总经理。

为了改变人们对塑料的认识，给客户创造更大的价值，杰克·韦尔奇别出心裁地用一则“野牛冲进瓷器店打碎所有瓷器用品，而只有塑料制品得以幸存下来”的广告来推销自己公司的产品，并获得了空前的成功，同时引发了一场制造业材料革命，美国消费者纷纷将目光投向塑料制品。

杰克·韦尔奇在自己的职责范围内给广大顾客创造了更多的价值，他的责任心成就了他的事业心，使他步步高升，从通用化学与冶金事业部总经理升到了公司副董事长，最后在45岁的时候成为通用电气公司历史上最年轻的董事长和首席执行官。

刚当上首席执行官的杰克·韦尔奇为了让有着117年历史的通用电气公司摆脱机构臃肿、市场反应迟钝、在全球竞争中走下坡路的危机，对公司进行了大刀阔斧的改革。在将通用电气公司那些陋习和弊制革除掉的同时注入了新鲜的血液——开发和研制更能为顾客创造价值的产品，这使得公司发生了巨大的变化，12个事业部在其各自的市场上都名列前茅，甚至有9个事业部入选《财富》500强。1999年，通用电气公司实现了1110亿美元的销售收入，实现了107亿美元的利润，全球排名第一。

尽管2001年杰克·韦尔奇选择在自己事业的巅峰期退隐，但是他的责任心还在通用电气公司继续发挥着作用。他曾告诫员工的那句“要想拥有一流的质量水平，仅仅做到产品合格、无瑕疵是远远不够的，必须为客户创造价值，并让顾客感受到产品的优良品质”成为业界的标准。

季羡林先生曾说过：“在人类社会发展的长河中，我们每一代人都有自己的任务，而且绝不是可有可无的。”是的，每一个人，每一个男人来到这个世界上，都必须要做一个对自己、对家庭、对社会有责任心的人，这样才会无愧于心，无愧于自己的人生。

05

男人，务必要做一个人生的“不倒翁”

生命需要珍惜，梦想需要坚持，生活需要“不倒翁”精神。只要我们拥有“不倒翁”精神，努力做一个人生的“不倒翁”，就一定能够时时奏响催人奋进的乐章，鼓舞着自己奋力向美好的未来冲刺。

我的床头一直摆放着一个不倒翁，它时时提醒着我，务必要用“不倒翁”的精神武装自己，做一个人生的“不倒翁”。

生活就像是一场战斗，会遭逢困境、逆境，会遇挫，会碰壁，会受伤…… 那么之后呢？是沉沦在痛苦当中萎靡不振呢，还是拒不低头弯腰始终挺立面对呢？如果你选择了后一项，便是拥有了“不倒翁”精神。

何谓“不倒翁”精神？即经历了风吹雨打之后，经历了苦难洗礼之后，依然挺直腰身直面人生挑战。

“不倒翁”精神是跨越坎坷的信念，是走向成功的保障。人生之路，不可能永远都平坦顺畅铺满鲜花，或坎坷，或泥泞，或布满荆棘，只有“不倒翁”精神能够助我们充满自信地跨越一切障碍，去发现另一片美丽的天空；只有“不倒翁”精神能够引领我们将压力化为动力，毫不犹豫地选择坚强面对一切挫折磨难。

陈凯歌，一位在华语电影圈里跟张艺谋齐名的大导演，他拍的《黄土地》和《霸王别姬》获得了圈内圈外人士的一致好评。可以说，他1993年拍摄的电影《霸王别姬》是他导演生涯中所拍摄的比较有代表性的，水平较高的，且具有巅峰性质的一部作品。影片的投资人徐枫评价过陈凯歌继《霸王别姬》之后所拍摄的两部作品《荆轲刺秦王》和《风月》。徐枫认为陈凯歌选取故事的能力有待加强，不应该将创作者个人的特质过多地表现在电影中，这样下去的话，影片只会离观众越来越远。陈凯歌对此表示，自己确实在有些方面犯了糊涂，40岁就拿了金棕榈奖，有些犯狂了，没能将自己优秀的一面继续发扬下去，反而让大家看到了自己的弱点。

“犯狂”的陈凯歌在《荆轲刺秦王》和《风月》这两部

片子之后替好莱坞的米高梅公司拍过一部惊悚艳情片《温柔地杀我》。这部片子不中不洋的，跟他之前的拍摄风格完全不同，所以鲜少有人问津。至于他 2005 年拍的《无极》，更是口碑差到了极点。这是陈凯歌执导影片以来所受到的重创。

之后的一两年时间里，陈凯歌静心地休养，不断地学习，看了很多书，思考了很多问题，最终他学会了“不倒翁”精神。在“不倒翁”精神的推动下，陈凯歌想通了一些事，也放下了一些事。

2008 年，从人生的谷底爬起来的陈凯歌，推出了一部新片——《梅兰芳》。虽然该片还是有其硬伤在，但是还是帮他挽回了一些公众形象，不过观众对他的尊重和信任未全部回来，大家对他还存有一定的怀疑。大家都在观望，不知道那个拍出过《霸王别姬》的陈凯歌导演是不是还能回来。

因为有“不倒翁”精神在，所以这一次陈凯歌并未受舆论影响，默默筹备自己的下一部作品。

2010 年，陈凯歌终于在《霸王别姬》横空出世的第 17 年推出了自己的心血之作《赵氏孤儿》。尽管此片宣传之初受关注度不高，也没有出现预期的受观众热捧的现象，公映之后的评论也有褒有贬，不过它体现了陈凯歌的诚意。

自此，陈凯歌已经是一个人生的“不倒翁”了，卸下了心中的所有负担，看开了一切尘世繁华，开始轻装上路。

生命需要珍惜，梦想需要坚持，生活需要“不倒翁”精神。在现实生活中，很多事情我们控制不了，很多困难我们预测不了，很多风向我们也左右不了，但我们可以调节心情，可以克服困难，可以调整风帆。只要我们拥有“不倒翁”精神，努力做个人生的“不倒翁”，就一定能够时时奏响催人奋进的乐章，鼓舞着自己奋力向美好的未来冲刺。

第六章

三十几岁的男人，有担当是一种成熟的品质

三十几岁的男人，身上必然要有一种成熟的品质，即担当。担当不仅仅是一种责任，更是一种能力，一种难能可贵的能力；是一种力量，一种催人奋进的力量；是一种气概，一种不辱使命的气概。生命之重亦是生命之华，成大器者，必然有常人所不能承受之担当。正处于而立之年的你我他，必然要时刻牢记：有一种责任叫作担当。

01

赚钱养家，是男人最基本的担当

生命之重亦是生命之华，凡成大器者，必然有常人所不能承受之担当。所以正处于而立之年的你我他，要时刻牢记：有一种责任叫作担当，有一种担当叫作“赚钱养家”。

不知从什么时候开始，网上突然就流行起这么一句话来：“男人负责赚钱养家，女人负责貌美如花。”对于这后半句话，仁者见仁，智者见智；对于这前半句话，已成共识，可以用两个字来总结，即“担当”。

尽管当今社会一直在倡导男女平等，但是由于传统观念的影响，以及男女在生理、身体结构方面的现实差异等多方面原因的存在，要想全方位地实现男女平等，仍须努力，所以，社会和家庭赋予了男人较之于女人更多更大的责任，赚钱养家就是其中的一项。

在家，他被称为“黄小厨”，在演艺圈，他被称为“黄老师”，他就是著名演员黄磊。黄磊在大家的眼里是个典型的好男人——好丈夫，好爸爸。

黄磊年轻的时候是个长发飘飘的爱唱歌的文艺青年，结了婚之后，他让妻子全职在家照顾孩子，自己一人担起赚钱养家的重任，拍戏、导戏、教学、参加各种真人秀节目，一日又一日，一年又一年，有时忙得几个月不能回家。结果熬着熬着，他就从一个身材苗条的文艺青年变成了腆着肚子的中年男人。黄磊也曾经感叹岁月不饶人，感叹自己这些年活得太辛苦，但是只要看着妻子和女儿幸福快乐地生活，他就觉得一切都值得。黄磊觉得自己此生能够为妻女如此付出是一种幸福，觉得赚钱养家是他这辈子为妻女所做的最有意义、最有担当的一件事。

赚钱养家，虽然不能构成男人对家庭的唯一责任，但是却是男人最基本的担当。担当不仅仅是一种责任，更是一种能力，一种难能可贵的能力；是一种力量，一种催人奋进的力量；是一种气概，一种不辱使命的气概。

家庭的和谐与发展，靠的就是男人用这种责任、这种能力、这种力量、这种气概去拼搏，去创造，去积聚，为整个家庭成员储备丰厚的物质财富，营造良好的生存和发展环境，使父母妻儿过上幸福美满的生活。

同事小张的家境不错，父亲在他们所居住的城市开了几家连锁酒店，生意红红火火。小张也很争气，大学毕业便考上了公务员，虽然工资不怎么高，但是一个月两三千块钱还是够自己花的。

前几年，小张经人介绍认识了长得玲珑标致的银行职员小王，两人恋爱了一段时间便喜结良缘了。小两口婚后居住的三居室是小张父亲名下的物业，不过小两口刚开始对此并无他想。小张认为自己是家中的独子，父亲的所有产业迟早都会是自己的，所以他跟小王有住就住，根本不去管房子是父母的还是夫妻俩的，更加不会省吃俭用存钱买房、供房什么的，只管做标准的“月光族”，有吃就吃有玩就玩，月末没钱了就伸手向父母要。这样的日子看似过得简单快乐，但实则暗藏危机。

小两口结婚两年后生了个胖小子，由于两边老人都没法抽身帮他们带孩子，小王只好辞职回家做全职奶妈，生活成本顿时增加了很多，家里所有的开支都压在小张一个人身上。可是就凭小张那点儿工资，奶粉钱、尿布钱都不够呢，更别说家里还有两个大人要吃饭呢。习惯了从父母那里拿补贴的小张，这会儿自然第一时间想到向父母伸手要钱养妻子、孩子了，可是天有不测风云，一场金融危机使小张父亲的积蓄一夜之间化为乌有，且负债累累，房产也被法院查封了——小张两口子住的房子也没能幸免。这下小张急了：一家三口被迫搬走租个小房子栖身也就罢了，可年迈的父母加上妻儿四口人还等着他赚钱买米回家下锅呢。

这可怎么办哪？早年家里有钱的时候，他把赚钱养家的重任丢到了九霄云外，以为父亲丰厚的身家足够他吃一辈子，可没想到，一个经济巨浪袭来，他们家就什么都被大浪给卷走了，只剩下一堆泡沫让他收拾。看着自己工资条上那不过3000的数字，小张真的是无奈到了极点。

为了撑起整个家，小张思考了良久，在跟父母和妻子商量了之后，最终他辞了职，变卖了母亲和妻子的首饰凑了一些钱，在租住的小区里租了个门面开了家小超市，让父母和妻子一边带孩子一边看店，他进货算账等技术活一力承担，另外他还利用业余时间去修读企业管理学。就这样，熬了几年，小超市变成了大超市，大超市又变成了连锁超市……

成了城中大富豪后，有次记者采访他时问他，为什么要放弃铁饭碗去创业，又为什么能够创业成功？希望他能够将自己的成功经验跟大家分享一下。小张叹了口气说了起来。

当年因为太年轻，不懂事，以为啃老可以啃一辈子，不知道身为男人要担起怎样的重任。后来家道中落，他才清醒地认识到，身为一个男子汉，赚钱养家是存活于世的最基本担当。有担当，方能挑起重担，才能大有作为。正是在担当的推动下，他任劳任怨，夜以继日地工作，不知道吃了多少苦，费了多少心，才打下属于自己的一片天地。所以，他的成功经验，总结起来只有两个字——“担当”。

的确，生命之重亦是生命之华，凡成大器者，必然有常人所不能承受之担当。所以，正处于而立之年的你我他，要时刻牢记：有一种责任叫作担当，有一种担当叫作“赚钱养家”。

02

投资理财，是对家庭最好的储备

投资理财是对家庭最好的储备。有句话说得好，你不理财，财不理你。所有财富的积累都是投资的结果。投资理财，使自己的资金得以保值的同时还能够有效地升值，从而为自己的家庭提供最坚实的后盾保障，何乐而不为呢？

有句话说得好，你不理财，财不理你。或许今天的你只有10万元储蓄，但是通过投资理财，明天的你，就可能有不止10万元的储蓄了。要是你投资有道的话，很可能会翻几番，10万元变成了几十万甚至上百万元呢。所以，每一个身为家庭支柱的男人都要学会投资理财，将家里多余的资金活用起来，这样才有可能日进斗金，为家庭成员赢来更丰厚的物质生活。

王浩和王城两兄弟结婚之后都分别从父亲那里分得了一

笔均等的财产。大哥王浩比较精明，拿到这笔几十万元的款项之后，将其分成了几个部分：一部分用于购买万能险，保障自己跟妻子退休之后能有一笔钱养老，以及给刚出生的孩子买份教育险，保证孩子的教育资金能够到位；一部分放在银行做定存，每年收取 3.3% 的利息；还有一部分拿去买银行的保本型的理财产品，长线的短线的都投一些；最后一部分用于购买基金型股票，然后他和妻子用公积金贷款买了一套小三居，他跟妻子每月的工资收入除了还房贷之后，就只够生活了，年底发的奖金放银行零存零取做备用金。尽管在别人眼里，王浩一家几口的日子过得不怎么宽裕，但是王浩却乐在其中，因为他有投资、有理财、有储备金，加上他跟妻子又有工作单位、有稳定收入、有医保和社保，这样的小日子，大富大贵不起来，但是胜在没什么压力。如果王浩和妻子再勤奋努力一把的话，双双来个升职加薪的话，那么他们手上就会有些余钱去过滋润的日子，比如说等孩子稍稍大一点儿带他去旅游啊什么的。

王城呢，跟王浩截然相反，他觉得钱留在手上会贬值，拿去投资理财的话，幸运的话可能会赚点儿，但是不幸的话会血本无归，所以，拿到财产的他决定买点儿实用的东西。思来想去，最后他将这笔款项一次性付清购买了一套三居室的房子。王城跟妻子也有稳定的工作，医保、社保、公积金也都有，加上他们夫妻俩又不着急要孩子，也不用还贷款，所以每个月进账多少都可以自由支配，所以两人过的日子那叫一个小资啊，今天去这家茶餐厅去尝尝，明天又去那个农庄去试试味，反正每天都吃吃喝喝的，逢年过节还提上行李去旅游，生活得不知有多惬意呢。王浩曾提醒过王城，让他做好家庭的储备工作，存点儿钱做点儿投资理财项目，为今后家庭可能出现的变故提供一些保障。但是王城觉得“今朝有酒今朝醉，明日愁来明日忧”，何况他没有任何外债，没有还款压力，社会保障又都齐全，不趁着年轻多享受享受，多出去走走看看世界，难道等到头发白了，腿脚不便了才后悔没有见过世面吗？

王城说得确实有点儿道理，但是当灾难和疾病来袭时，没有足够的家庭储备金，怎么应付得过来呢？

后来王城的妻子怀孕了，孕中期时发现孩子发育迟缓，需要住院保胎。这个时候王城傻眼了，因为平日里夫妻俩有多少花多少，根本就没有存钱的习惯，更没有“钱生钱”的投资理财习惯，一下子让他拿出那么多钱来保妻儿的命，他哪里拿得出！最后哥哥王浩动用自家的储备金，然后又卖了些股票筹钱让王城夫妻俩渡过了这个难关。

家里多了一张嗷嗷待哺的小嘴，加上又经历了这次教训，王城也开始像哥哥王浩那样存钱投资理财了，为自己的小家做些储备，以备不时之需。

所以说，投资理财，使自己的资金得以保值的同时还能够有效地升值，从而为自己的家庭提供最坚实的后盾保障，何乐而不为呢？

03

孝顺父母，
是一个男人的职责所在

不管是贫穷还是富贵，是疾病还是健康，父母都给予了我们全部的爱。尽管这份爱看起来最平凡、朴实、真诚，但是却是最珍贵的爱。如此珍贵的爱，我们握在了手心里，除了感动之外，更要做的是，回报给父母更多更真更实的爱。

不知道大家有没有看过真人秀电视节目《旋风孝子》，其中一个男嘉宾——影视演员黄晓明，他对母亲的爱和孝顺完全写在脸上，他每次注视母亲都像是看女朋友一样，所以他才会说出“要像疼女友一样地疼妈妈”那样的话。

黄晓明并不是一出道就大红大紫的，他经历过演艺事业的低谷期，从低谷走到辉煌，他付出了几多艰辛只有自己知道。为了在演艺界更好地立足，多年来他一直兢兢业业地拍戏，有

时候忙起来几个月不着家，但是忙碌并未疏远他跟母亲之间的关系，并未让他忘记孝顺父母的职责所在。光是打电话无法纾解自己对妈妈的相思之情，所以黄晓明常常会忙里偷闲回家看看妈妈。黄晓明曾公开表示，绝对不会因为娶了媳妇就忘了娘，所以在跟杨颖结了婚之后，不管两人如何浓情蜜意，也从来不会冷落妈妈。黄晓明把爸爸妈妈从青岛接到了北京同住。他表示，已经和妻子杨颖达成了共识，会和爸爸妈妈住一辈子，即使将来有了孩子，这个承诺也不会改变。工作不忙的时候，黄晓明会带上爸爸妈妈和妻子一起出去旅游；如若不外出，他会留在家陪妈妈一起看韩剧，他甚至还会和妈妈一起敷面膜。

不管是贫穷还是富贵，是疾病还是健康，父母都给予了我们全部的爱。尽管这份爱看起来最平凡、朴实、真诚，但是却是最珍贵的爱。如此珍贵的爱，我们握在了手心里，除了感动之外，更要做的是，回报给父母更多更真更实的爱。

周五下午临下班前，只要第二天不用加班，同事小黄便都会给在郊外居住的二老打电话，告诉他们，他晚一点儿会带着妻子和孩子一起回去吃饭。挂了电话之后，小黄立马奔向超市，给二老备点儿油盐菜米，然后再回家接上妻子和孩子，开上三四十分钟的车回去陪二老共进晚餐。每次都要晚上 8 点以后才能赶到，但是小黄却乐此不疲，他的父母也每周都期盼着周五晚上的合家宴。

一般情况下，小黄一家周五晚饭之后都会留宿在父母家，第二天不是带父母妻儿去附近的农家乐玩一玩，就是接父母到市里，陪他们逛逛街，买买东西。父母到了市里，有时候会在小黄家里住一两周，有时候过完周六、周日，在周日晚上再由小黄一家三口把他们送回去。

同事们都说小黄太能折腾了，周末可是黄金时光啊！不去找朋友嗨一下却跑回郊外父母家住，真是可惜了每周两日的休闲时光啊！小黄说："每周回去陪父母吃一餐饭，给父母带点儿东西，这事太重要了。我的父母年过六十了，身体越来越不好了，虽然没什么大病，可是小病不断，用他们的话说是，不知道哪一天就病得翘辫子了，如果现在我不抓紧时间跟他们相处的话，等到哪一天老人病倒了，后悔就来不及了！"

常言道："为国尽忠，在家尽孝。"孝敬父母是每一个华夏儿女应尽的责任和义务。现在的我们已然为人父母，我们怎么对待自己的父母，将来我们的孩子就会依葫芦画瓢怎样对待我们。所以，身为家里顶梁柱的男人们，不能只顾着赚钱养家而不顾父母的感受，不尽儿女应尽的孝道，而要将赚钱养家和孝顺父母都当成是男人最重要的职责来担当。只有尽职尽责做好孩子的榜样，将来我们年老时，才不会被自己的心头肉给冷落或是抛弃。

04

男人，
要用厚实的肩膀担起孩子的未来

男人的一生都是在给孩子做基石，或担或托或举把孩子往最理想的高度送。这就是男人作为父亲存在的意义。是的，做了父亲当了孩子的顶天柱之后，就务必要做到用自己最厚实的肩膀担起孩子美好的未来，承载起孩子最灿烂的明天。

小区广场在放露天公益电影，杨浩正好下班路过。回想起自己小时候村子里放电影，整个村子的人都往那里挤的情景，杨浩的脚步不听使唤地靠上前。这时，旁边来了一对父子，孩子叫嚷着看不见，父亲二话没说，直接就把他往自己头上举，让孩子骑在自己脖子上，嘴里念叨着："爸爸给你弄个最佳高度的位置！"

杨浩的眼睛有些湿润了。想当年，父亲也是这么让自己

骑在他的脖子上看整场电影的。有时，杨浩看得入了神，尿裤子了都不知，而父亲并未打扰他的兴致，待到电影结束时才拍拍他的小屁股提醒他“水漫金山”了。

不知不觉间，杨浩已经长得比父亲高出半头，可是父亲做他的基石，弯下腰或是直起身给他踩踏或是骑的情景还历历在目。

的确，男人的一生都是在给孩子做基石，或担或托或举把孩子往最理想的高度送。这就是男人作为父亲存在的意义。是的，做了父亲当了孩子的顶天柱之后，就务必要做到用自己最厚实的肩膀担起孩子美好的未来,承载起孩子最灿烂的明天。

在杨浩的印象中，父亲不仅仅在生活中甘于做一匹供自己骑的“马”，在自己的学习和工作中，父亲也是甘为孺子牛，多少次用他厚实的肩膀替处于人生转折点的自己担起一切，让自己无后顾之忧地去为梦想和未来冲刺。

那年杨浩参加高考，因连日高烧不退，影响了考场发挥，最终勉勉强强上了一本线。在填报高考志愿时，因分数有限，杨浩选来选去也选不了自己喜欢的学校报读，当时就哭了。

杨浩的理想是进国内一等一的学府学法律，将来毕业之后做一名律师。然而造化弄人，他考的那个分数跟他的理想相距甚远。最后，当杨浩忍痛决定选择其他专业就读时，父亲做了个惊人的决定，送他出国读法律。

杨浩的家庭条件不好，难以支付他出国读书的高昂费用，但是父亲说了，即使是卖房也要把他送出去。结果，杨浩顺利出国读了他最喜欢的法律专业，而父亲每天打两三份工给他挣学费和生活费。杨浩体恤父亲的辛劳，为了不辜负父亲对他的艰辛付出，他努力学习，连续几年拿了奖学金，并以优异的成绩直升研究生。

本来研究生毕业之后，杨浩可以留在当地工作的，但是思乡情切，加上对父亲的感恩之情，他最终决定回国在当地的高等学府执教。杨浩一边发展自己的事业，将自己在国外汲取的知识养分传授给身边的学子，一边报答父亲多年来为自己创造良好学习环境的恩情。

正是父亲用他那厚实的肩膀担起了杨浩的未来，给他做了好榜样，所以在杨浩自己的孩子出生之后，他也努力做个好父亲，竭力为自己的孩子营造良好的学习和生活环境。

杨浩的女儿两三岁的时候，听到一些简单的乐曲便可以用电子琴弹出来。杨浩发现了这一点，觉得女儿在音乐方面有天分，所以从女儿 4 岁起就送她去跟当地的名师学钢琴。到了女儿上小学时，杨浩觉得女儿这个时候需要更优秀的老师和更广阔的学习发展空间，为此，他应聘到了国内一所高等音乐学院做教授，把妻子、女儿一并带去，让女儿师从那所院校的一位教授继续学钢琴。

待女儿上初三时，他便张罗着要花高昂的学费把女儿送到世界音乐之都维也纳的音乐学院去深造。对此，妻子是持反对意见的。杨浩虽说是一个高等院校的法学教授，在行业内小有名气，但是收入却不是很高，而妻子只是一个公司的普通职员，夫妻俩一年收入也就十来万元。这样的年收入，除去日常的生活开支，每年确实也剩下了一些，但是这些年又是举家搬迁又是给女儿找好老师学钢琴，算下来家里的储蓄真的不是很多。所以妻子觉得，负担女儿在国外几年的学费和生活费，对整个家庭来说，压力实在是太大了。可是杨浩像父亲当年毅然送自己出国读书时一样，拍拍胸脯说："万事有我这个做父亲的担着。"杨浩已经计划好了，以后每年多写几个课题，多开几门课，这样就可以多赚些钱，让女儿安安心心地在国外学钢琴。

我相信，世界上任何一个父亲或是母亲都希望自己的孩子将来能够有所作为。但是，现代社会竞争实在是太激烈了，身为孩子依靠的我们，如果不主动担起孩子未来的重担，不付出一定的心血和代价为孩子营造良好的生存和发展环境的话，那么我们的孩子必然会输在起跑线上。

孩子的未来，很大程度上取决于父母，尤其是父亲。父亲就像是雨露，永远滋润着孩子的心田；父亲就像是阳光，时时刻刻照亮着孩子的人生路；父亲就像是参天大树，给孩子最稳定的依靠和最坚实的力量。如果你想自己的孩子从小就具有优良的品格、出众的成绩和较强的实践能力的话，想他们长大之后能够功成名就、出人头地的话，那么就务必要用自己厚实的肩膀去为孩子创造学习进步的条件。

05

陪伴，
是对家人最长情的告白

尽孝和爱家需要的是实实在在的行动，陪伴是对家人最长情的告白。所以不管你的生存压力有多大，工作生活节奏有多快，都不能让自己缺失了陪伴家人的时间。只有做到“把爱带回家，让爱住我家”，才不至于在有限的生命里留下无限有关爱与温暖的遗憾。

家，对于男人而言，是心灵的避风港，是累了倦了的栖息地。可是，随着年龄的逐渐增长，随着事业心的不断加强，“加班是常态，出差是便饭”，男人忙于工作，忙于应酬，回家的时间越来越少，陪伴家人的时间越来越少。

事业心强是好事，追求成功是好事，但成功应该是多元的，事业得以蓬勃发展的同时，家庭也和谐美满，人生才完美，才称得上是人生的大赢家。

小王出差回来，看到一桌子的残羹冷炙以及饭桌下的几个空酒瓶，下意识地瞅了瞅酒柜上那一瓶XO——还好，老人家没有动他那瓶名酒。因此小王对父亲招呼什么人来家里喝酒一事就没问什么，直接回房休息了。

小王搞不懂是自己惯坏了老人家，还是他父亲真的是太寂寞了。在家里添了个小男丁，大家忙前忙后地照顾小家伙时，他老人家居然还有闲情逸致找人到家里来喝酒，且找的人越来越陌生，有时竟然把第一次见面的老乡带到家里来喝酒。妻子因这事跟老人家说了不知多少次，一再地强调，请他不要找那些不熟悉的人来家里吃饭喝酒，因为家里有个几个月大的小朋友，实在不方便招呼外人。但是老人家不听，一切照旧。妻子对此很生气，给小王下了命令，为了孩子的安全，为了整个家的和谐，同时也为了老人的身体健康，让小王必须说服他父亲把酒戒了。

为了制造舆论压力，小王把自己的弟弟、妹妹都叫到家里来，边聚餐边开家庭会议——一起劝老人家戒酒。然而老人很固执，说自己一辈子都在喝酒，靠喝酒来交友，也靠喝酒更好地完成工作任务，甚至说小王和弟弟、妹妹都是靠他老人家肚子里的酒精养活的！

小王对老父亲的一番歪理很是生气，他实在搞不懂，老父亲如今退休了，子女也都成家了，也有孙子了，是时候弄孙为乐了，为什么偏偏要在酒精上放纵自己呢？老人家与其说是喝酒，倒不如说是灌酒——一杯一杯地干，非要把别人和自己灌醉不可，不喝醉就不罢休。

不管小王他们怎么劝，老人家就是认定喝酒有理，甚至还说，反正六十多了，也活不了多久了，索性喝死算了。

家庭会议在不和谐的氛围中结束了。

小王儿子周岁生日宴在一家酒店操办，小王和妻子各自的领导、同事及朋友都来参加了。小王父亲也很高兴，在酒桌上一杯又一杯地敬小王夫妻俩的领导，把对方灌蒙了还不过瘾，还要拉着小王夫妻俩的同事和朋友继续灌酒。小王妻子当即脸色不好看了，让小王赶紧把老父亲先送回家，再独自返回来。

生日宴会结束，小王夫妻俩带着孩子回到家，发现老人家额头流了不少血，昏睡在地上！老人家身边还静静地躺着小王一直以来视为珍宝的 XO 的空瓶子。

夫妻俩又气又急，赶紧把老父亲送到了医院。

原来，老人家在被送回家之后十分郁闷，打开那瓶XO狂灌一通，晕晕乎乎一不小心就撞到柜子摔倒了！

这次事件，加深了小王父子间的隔阂。

老人家刚出院回到家，小王就向老父亲摊牌——如果老父亲还想继续跟自己以及小孙子一起生活下去的话，就必须戒酒！

尽管老人家知道自己做错了，可还是固执地坚持他那套喝酒的歪论。无奈之下，小王把老人家送进养老院。

本来小王工作就很忙，隔三岔五就得出差，老人家跟他住的时候，一个月也还能见他几次面，可是自己被送到养老院之后，半年都没见着小王。

一天，小王接到养老院的电话，说老人家违反规定溜出养老院买酒喝。小王赶紧放下手上所有的工作去养老院了解情况。

原本小王打算一见面就数落老父亲，可是到了养老院老人住所门口的时候，听到屋子里的老父亲跟养老院的护士倒苦水：自己老伴早早过世，他一个人把几个孩子拉扯大，虽然孩子们现在个个有家有业，但几乎把自己当透明人看待；孩子们是按时给自己钱让自己买吃的穿的，但是自己要那么多钱干什么？自己只想每天身边能有个人一块儿说说话；没办法，只好靠喝酒跟人聊天打发日子……

小王知道了老人的心结所在，二话不说便把老人接回家，而且还给弟弟、妹妹下了任务，每逢节假日必须到他家里来陪老人，而他自己也尽量减少一些工作，多抽一些时间回家陪伴老人、妻子和孩子。

尽孝和爱家需要的是实实在在的行动，陪伴是对家人最长情的告白。所以，不管你的生存压力有多大，工作生活节奏有多快，都不能让自己缺失了陪伴家人的时间。只有做到“把爱带回家，让爱住我家”，才不至于在有限的生命里留下无限有关爱与温暖的遗憾。

第七章

三十几岁的男人，健康的身体是幸福的保障

三十几岁的男人，你的健康是家庭幸福的保障。你若爱你的家人，就先要爱自己的身体，健康的男人才能够给家人带来幸福和关爱。所以说，要想给你的家人最真挚的爱，首先要拥有健康的身体，如此才能尽心尽力赚钱养家，让家人的生活美满幸福。

01

健康的身体，是男人事业发展的基石

生命对任何人来说都有且只有一次，我们若是不倍加珍惜，用健康的身体来扬起事业的风帆的话，就辜负了家人对我们的殷切希望。所以我们要学会爱惜自己的身体，维护自己的身体健康，紧紧地抓住健康的绳索，将健康当成一种无形的力量，助力自己成就一番傲人的事业。

社会在不断地发展，人们的生活水平在不断地提高，加之人人都想在事业上有大发展，所以在追求事业成功和高物质生活的同时，往往容易忽略身体健康，甚至有些人展示在人前的出类拔萃，是用损耗身体健康的代价换来的。

2009年6月5日，中央电视台著名播音员罗京因淋巴癌扩散永远离开了我们。尽管他并不是因为过劳而猝死，但是不可否认的是，劳累加重了他的病情，使他在人们的一片惋惜中溘然长逝。

星光闪耀的主持人们，他们在荧屏上确实是风光无限，但是在工作中却异常辛苦。他们工作时间不规律，饮食不规律，生活也不规律，所以精神和体力常常处于过劳的状态。过劳可是最致命的健康杀手，要是长期处于过劳的状态，还怎么去拼事业？

在这样一个充满着激烈竞争的社会里，每个人都追求个人发展，每个人都渴望获得成功，但是如果我们没有健康的身体，所有的追求和渴望就都失去了基础和保障。要知道，事业的发展需要健康的身体做坚固的后盾。

美国《赫芬顿邮报》2016年9月1日消息报道，华人巨星成龙获得奥斯卡终身成就奖。截至2016年，成龙主演的电影在全球的总票房已超过200亿元。

成龙最擅长的是拍功夫片，是以武师的身份进入电影圈的，身手灵活，勇于尝试，什么高难度的动作都难不倒他，所以在经过多年任劳任怨的打拼之后，终于从一个出生入死的武师摇身变成了一颗冉冉升起的武打新星。然后又是一轮艰苦卓绝的奋斗，拍很多惊险的动作，如亲自吊钢丝从27楼的高空往下冲、凌空翻筋斗飞身踢对手等。成龙说：“拍动作戏我也很害怕，但还是要去完成，而且在拍的时候那种肾上腺素飙升的感觉，让我觉得自己也很幸运。”是的，成龙是幸运的，他拍的电影可以说是拿命搏来的，票房一部比一部高，他也因此慢慢跻身于国际武打巨星的行列。2012年，成龙被美国《纽约时报》评选为“史上20位最伟大的动作影星第一位”。

如今，距离成龙进入影视圈已经40多年过去了，可是常年拍戏做高强度动作的他，身体依然十分健康，身手依然相当利索。为什么成龙保持得这么好呢？

“一个人工作认真就会忘记其他生活烦恼，心境就会开朗，饮食消化就会正常，因为拍动作电影是我的所长，也是我的生命至爱，所以我每日坚持运动，其实也是为了使自己保持最佳工作状态。电影拍摄过程中，基本上每天都有足够甚至更多的运动量，但无片可拍的空闲期，以及电影的后期制作期，则‘坐’着工作比较多，这时一定坚持每天运动，不可偷懒。”成龙的这段话，给出了答案。

成龙7岁跟于占元学习京戏武打，13岁做武师后兼学南拳，后来又学空手道和合气道，这为他良好的身体打下了坚实的基础。他每天坚持运动，坚持出汗。从2000年开始，成龙每天早上穿上塑胶运动衣，用橡皮筋扎紧颈部、手腕和脚踝，和助手一起去跑步——至少半个小时。每次跑完步，因为出了大量的汗水，他会喝1升左右的果汁，之后再进行半个小时以上的拳脚功夫练习。此外，他还将健身寓于生活之中，只要有楼梯可以爬，他绝对不坐电梯。成龙还有个习惯，那就是看电视从来不用遥控器换台，都是从沙发上直接起身走到电视机前去更换频道，他说这样可以顺便练一下腹肌。

正是因为成龙一直以来都十分重视身体健康，养成了随时随地健身的习惯，所以如今虽然年过六十，依然可以在大屏幕上又打又跳，拍出票房越来越高的电影作品。

生命是一个过程，健康是一笔财富，所谓“盈缩之期，不但在天；养怡之福，可得永年”。生命对任何人来说都有且只有一次，我们若是不倍加珍惜，用健康的身体来扬起事业的风帆的话，就辜负了家人对我们的殷切希望。所以我们要学会爱惜自己的身体，维护自己的身体健康，紧紧地抓住健康的绳索，将健康当成一种无形的力量，助力自己成就一番傲人的事业。

02

强健的体魄，
是幸福家庭的根本保障

强健的体魄是幸福家庭的根本保障，要加强体育锻炼，以便让自己拥有更充足的精力和更强大的意志去应对各种各样的挑战，确保幸福生活不是“水中倒影”。

如今，随着生活节奏的日渐加快，很多人因为工作压力过大，体力脑力严重透支，使身体长时间超负荷运转，再加上环境污染，饮食不规律，亚健康已然成为人们幸福生活的绊脚石。要知道，健康的身体是男人事业发展的基石，强健的体魄是男人拥有幸福家庭的根本保障。

有个朋友，他是一家网络公司的老总，身家不下千万，可是却得了皮肤病，时常不知怎的，身上就冒出一大片一大片的红疹子。他看了很多医生，吃了很多药，也不见好转。医生

告诉他，这病没法根治，只能是吃药或是打针暂时控制住，但是指不定哪天免疫力下降就会复发。

如果红疹子冒出来时，只是一片红也就罢了，还发痒，经常在他跟客户谈生意的时候发病，痒得他恨不得撩开衣服去挠。有时，红疹子还在半夜冒出来，痒得他翻来覆去睡不着。就这样，长期下来，他吃不好，睡不好，没精神管他的生意，痛苦得不得了，简直快要得抑郁症了。有时候他心情抑郁到了极点真想寻短见，但是他想到孩子，想到妻子，想到幸福的家庭，他咬紧牙关告诉自己必须勇敢地活下去，好好地活下去。

于是，他积极地接受治疗，且在医生的建议下，开始锻炼身体以增强抵抗力。就这样，慢慢地，他发病的次数开始减少，由每天发作几次到两三天发作一次，然后再到一两周发作一次，最后一两个月也不发作一次。最后，他的皮肤病得到了控制，在不吃药也不打针的情况下，三五个月也不发作一次了。医生跟他说，如果他坚持锻炼身体，保持强健的体魄，他的这个皮肤病极有可能不再“造访”他。

苏格拉底说过：“身体的健康因静止不动而破坏，因运动练习而长期保持。”

所以，请务必养成健身的习惯，以远离亚健康。另外，只有拥有强健体魄才能保障家庭幸福，才能让家人在自己的呵护下快乐地生活。

03

身体与心理都健康，才是真正的健康

人有健康和生病之分，而健康也分为两种，一种是身体健康，一种是心理健康。世界卫生组织对健康下了一个新的定义：健康是一种身体、精神和交往上的完美状态而不只是身体无病。也就是说，身体健康但精神和交往存在问题的话就并非真正的健康，只有身体和心理同时健康才是真正的健康。

很多人因为压力过大而导致长期超负荷工作，造成情绪不稳定，精神状态不好，如果这时再碰上不如意的事情，很容易疑心焦虑，性格趋于极端，做出不理智甚至残忍的行为。

历史上的朱元璋是一个自恃清高的人，在成为明朝的开国皇帝之后，他要求自己功要盖过秦始皇，业要比过尧、舜、禹。

朱元璋登基之后一直致力于吏治和道德重建工作，至洪武十年他还一直试图以仁政来巩固自己的大明江山。不过在吏治的重建工作上，尤其是清除贪官污吏上，朱元璋屡受挫折，严重影响了他的自信心，使他慢慢地不再相信儒家的仁政学说，所以在处理政事上开始变得无章可循。

朱元璋的梦想是建立家族式的天下格局，他想将自己二十多个儿子分封到全国各地掌控一定的兵权。可是他又觉得这样做会削弱自己的实力，一旦那些开国功臣们要篡夺他的江山的话，他的儿子们分散在各地，根本没办法迅速集合起来平叛，所以他决定将那些开国功臣除去而后快。然而，要将功臣全部除掉也不是一天两天的事，要从长计议，所以他常常因此焦虑而夜不能眠，常常半夜起来披衣观天象，忧心天下局势随时可能发生变化。长此以往，朱元璋便出现了孤独、忧郁、多疑偏执、困惑迷惘等各种心理问题。这些问题日趋严重，使他慢慢变得刚愎自用起来，终在洪武十年前后出现人格分裂，对人对己要求过于苛刻以致引发民愤，由曾经的一个恢宏大度的义军领袖变成了一个心胸狭隘的残忍暴君。

马克思说过：“一份愉快的心情胜过十剂良药。”每天保持一份豁达的心态和一份快乐的心情，可以有效地促进心理健康发展，但如果发现自己出现了易怒、易烦躁、易不安等心理不适症状，那就要及时寻医问药，以便及早发现病症、及早治疗，让自己的身心恢复健康，让自己的工作生活回到正轨。

1999年前后，中国国内电视媒体纷纷效仿央视崔永元主持的《实话实说》节目形式，不仅使得《实话实说》节目流失了部分观众，而继续关注《实话实说》节目的观众对该电视节目又提出了更多更高的要求。但是节目的提升不是一天两天就能做到的，要策划，要录制，要经过多个环节的努力才能有所提升，而且电视节目的提升速度往往跟不上电视观众的需求，所以该节目的收视率在不断下降。尽管崔永元和整个节目组都已经很努力了，但最终还是稳不住收视率。这让崔永元感觉到了前所未有的焦虑和危机，以致出现了睡眠障碍。

2001年，沉重的工作压力导致崔永元从睡眠障碍发展到严重的精神抑郁症，他的身体还因过多服用镇静类药物而产生抗体。当时崔永元的精神接近奔溃，根本无法正常工作。在父母的强迫之下，他暂时离开了工作岗位，去看了北京著名的心理医生。医生确诊崔永元是精神压力过大，对人生期望值偏高形成情绪焦虑和心理恐慌，医学上将这种病称之为“情绪抑郁病症”。

尽管有人很诗意地认为“抑郁症就是一次心灵感冒”，但其实，病就是病，不管是身体上的病痛还是心理上的病痛，患病了就要好好地治疗，只有这样，才能让自己恢复健康。为了能够在主持界再显雄风，也为了自己的人生能够重新燃起希望之光，崔永元寻了个好大夫，积极地接受多元化的全面治疗。到了 2006 年，他的病症得到缓解。

总的说来，重视身心健康，才能延年益寿。对于身体健康，我们都会上心，因为病痛来袭时，不舒服的感觉太明显了，而心理健康看不见、摸不着，甚至在心理疾病趋于严重之前根本感觉不到。所以，如果我们感觉工作压力太大，竞争太激烈，以致身体出现不适，就不可掉以轻心，不妨主动去寻医问药。

04

不算太年轻的自己，在养心之余更要养生

养生，做起来很简单，只要平日里多加注意合理饮食，多加注意休息保健，多加注意强身健体，甚至每天只不过冲泡一两杯中药养生茶而已……所以，不管你肩上的担子有多重，身上的压力有多大，工作到底有多忙，都要学会养生。

养生不只是老年人的事，三十几岁的男人更要注意养生。为什么？因为大家几乎每天都在辛勤工作，身体需要补充养分。

何谓养生之道呢？联合国教科文组织用16个字概括了养生之道的内涵——合理膳食、适量运动、戒烟少酒、心理平衡。

知道已然五十几岁的知名影视演员刘德华怎么做到看起来好似三十出头的吗？原因就在于他超级讲究养生。他为了保持体重，早餐只吃麦片和粥，然后再加点儿蔬菜沙拉；为了保

护肠胃，他几十年来从未喝过半口冰镇饮料，一直都是喝温开水。

知道俄罗斯总统普京为什么能够一直保持年轻的心态和健硕的身体吗？原因就在于讲究养生的他为自己配置的“绿色膳食”配方。普京喜欢喝绿茶，喜欢吃西红柿、黄瓜、莴苣以及其他绿色蔬菜。早餐普京喜欢吃不同做法的麦片粥、软干酪以及蜂蜜；在肉食的选择上，他比较喜欢吃鱼。普京对甜食不感冒，只偶尔吃点儿冰激凌。俄罗斯营养学家认为，普京的这套“绿色膳食”配方非常有科学依据，低碳水化合物的饮食不仅能够保证充分的营养，保持血糖的稳定，使食欲得到一定的控制，减少脂肪摄入，而且还可以提升精力和智力。

大家都知道明星艺人的生活工作很没规律，身体容易出现这样那样的小毛病。针对这种情况，部分明星悟出了一些养生保健的小窍门。

佟大为一直都追求有品质的生活，一直都精于养身之道。他不管有多忙，都会在午后的阳光里打上一套太极拳。用他的话说，那段时间不仅是修身养性的好时光，更是感悟生活哲学的好时光。当然，他的养生之道还不仅仅是打太极拳，在饮食上，他也有自己的一套养生理论。多年来，他一直坚持喝五谷粥，不仅能补充纤维素，能加快体内新陈代谢排除毒素，还能很好地补充体内必需的营养。平时，他的妻子还会找一些新鲜的蔬菜瓜果给他进食，让他吃出健康来。

古巨基在入行的第14年，检查发现有一根心脏血管异常，虽无大碍但医生再三叮嘱他要好好休息，然而身为当年香港地区人气最旺的歌手，一向敬业的他怎么能将歌唱事业搁置而安心回家休息呢？忙起来的古巨基，每天能睡3个小时就已经是很幸运的事了，长此以往，体力透支不说，更使得心脏超负荷工作而出现异常。因为曾有过在拍摄现场晕倒的经历，所以在检查发现一根血管因嵌入心脏，随着心脏跳动，血管受到压迫而引起身体不适的结果之后，他被医生下了“不能熬夜、不能喝黑咖啡、不能做剧烈运动”的禁令。不过这三条，因工作性质，很难做到，所以他唯有另寻他法照顾自己的身体。保健医生建议他喝中药养生茶，他坚持每天喝，效果很不错。

说到中药养生茶，郭晋安也有经常喝的习惯。“平常我会吃中药清理肠胃，因为我们这行工作无定时，定时清理一下自己会好一点儿。”郭晋安说他最喜欢的是冬虫夏草，因为冬虫夏草对宁神十分有效，使人较为容易入睡，对缓解压力有很大的帮助。此外，他对枸杞子也十分偏爱。长时间拍戏会使眼睛比较涩，所以他会常常冲泡具有明目功效的枸杞子茶喝，简单又方便。

总之，养生，做起来很简单，只要平日里多加注意合理饮食，多加注意休息保健，多加注意强身健体，甚至每天只不过冲泡一两杯中药养生茶而已……所以，不管你肩上的担子有多重，身上的压力有多大，工作到底有多忙，都要学会养生。

05

压力可以是幸福生活的终结者，也可以是人生的燃料

人要生存，要发展，要成才，就必然会遇到竞争，有竞争就会有压力。压力可以是幸福生活的终结者，也可以是人生的燃料。我们只有把压力变成动力，变成人生的燃料，用坚定的意志、恢宏的气度以及博大的胸襟去承受突如其来的风雨浪潮，去承受随时都有可能涌来的磨难和挫折，才能在日趋激烈的社会竞争中求得生存和发展。

雷锋说过："有压力才会有动力，有动力才能坚持进步。"

的确，生活时时处处都存在着压力，有时压力泰山压顶般使我们不堪重负，但我们要明白：机遇与挑战并存，压力与动力共生，只要我们正确对待压力，不逃避，积极面对，总会找到解决的办法。

他叫何方，一个标准的"70后"，曾做过工厂技术员、

银行职员，不过最终选择了不太好走且压力特别大的职业摄影师这条路。

作为一名摄影师，除了要有过硬的摄影技术外，还要有开阔的视野，要眼疾手快，要细致耐心。取景、构图、对焦、调整光圈、按快门……摄影过程中的任何一道工序都来不得半点儿马虎，而且速度要快，因为最美的景象总是稍纵即逝的。这无形中给摄影师带来了很大的压力，不是一般人能承受得了的。何方说，他的肩膀够厚实，承受得了这份压力。他之所以敢说这样的话，是因为他有过一次很特别的经历。

那一年，他在北京某国际知名服装大品牌做摄影师，接手的第一个独立拍摄任务是为一个羊绒衫品牌拍摄服装画册广告。厂方请了两名法国籍的模特，单是支付模特一天的费用就高达两万四千元，另外还租用了一套每天八千元的欧式风格的五星级酒店套间。当时何方未曾经历过这么大的场面，压力非常大，所以在拍摄的前一晚因过于紧张而睡不着，一遍又一遍地检查设备，在脑海中不断设想第二天让模特摆的姿势，折腾了自己一整晚。结果，这一次拍摄的照片欠曝光一级，原因是他在紧张慌乱的拍摄中把曝光数值调小了！不过幸好设计师把照片给修好了，这才不至于酿成大错。

从那以后，何方就对“压力”二字再也不畏惧了，不管多大的压力袭来，他都勇敢地承受。

何方在14岁的时候就开始喜欢上摄影了，初学者的他利用业余时间用火柴盒做针孔照相机，用纸和木头做放大机来自学摄影，同时还找来一些有关摄影的书来看。为了更好地捕捉到美景，开辟一条属于自己的摄影之路。2002年，何方终于争取到一个机会到清华大学美术学院进修，系统地学习摄影技术、摄影艺术理论知识，并有幸认识了国内许多著名的摄影艺术家，真正接触到了时装摄影和时尚摄影，开阔了视野，提升了摄影技术。对他来说，那是一个很直观的学习机会，让他受益匪浅。

随着人们生活水平的提高，生活质量也在不断地提升，商业摄影成为人们的一大消费热点。有市场就会有商机，有商机就会有竞争，要想在竞争日益激烈的商业摄影市场中立足实在不容易。

学有所成的何方回到家乡开了何方摄影工作室，正式进军商业摄影领域。

工作室成立之初，由于当地的服装工厂多以来料加工为主，广告意识淡薄，擅长服装摄影的何方无法将服装广告摄影这项业务开展下去。迫于生存的压力，他只好新开拓了一项业务——婚纱摄影，没想到这项业务给他带来了滚滚利润。之后何方雄心勃勃地建立了一条自己的行业链，从模特到拍摄到制作提供一条龙服务。随着摄影业务的不断拓展，何方的名气也慢慢在当地大了起来。2009 年，当地一家时尚杂志看中了他的摄影技术，特邀他加入这家报纸的摄像团队拍摄封面人物，他爽快地答应了。

每接受一个新的挑战，伴随而来的必然是新的压力，而承受压力，将压力变为动力，是何方的一项重要生存技能。我们要向何方学习，将承受压力这项技能发扬光大，这样才能更好地发展自己的事业，才能使自己向成功靠近，向幸福进军。

第八章

三十几岁的男人，眼界决定你的境界

三十几岁的男人，若没有开阔的眼界，就绝对不会有崇高的境界，因为眼界决定了你的境界。所以，你要像雄鹰那样，志向高远，翱翔于万里长空之上！你只有站得更高，望得更远，使自己的眼界更开阔、境界更高远，才能更上一层楼。

—

01

读万卷书，也要行万里路

“读万卷书”是知识学问的积累，“行万里路”是实践经验的积累，两者均是人生不可或缺的重要组成部分。读万卷书代替不了行万里路，行万里路也取代不了读万卷书，只有两者完美结合，人生才能达到一定的深度、广度和高度。

十几年前我就开始看美籍华人作家刘墉的书，通过他的书，我“认识”了他的儿子刘轩。刘轩是哈佛大学心理学博士，专栏作家，主持人，也是专业的DJ，作曲、写书、做杂志，他样样行，可以说是一个多才多艺的人。不过，我对他印象最深的不是他的才艺，而是他的胆识、勇气和选择——从哈佛大学休学一年去流浪，去行走。

行走，是一种生活，一种成长，能使人从中享受到非一般的快感；行走，是一种艺术，一种蜕变，能使人从中领略到不一样的人生。刘轩是个很喜欢行走的人，每当学习和生活让他感到力不从心时，他就会选择“出走”。去不同的城市漫游，去探索当地的风俗与文化，用相机拍下自己一路走过的风景，用文字记录下自己沿途的所见所闻所想，然后结集出版，让广大读者与他一同感受他在旅途中的自由与快乐。

我很认同刘轩的这种活法，也想效仿，可是受限于现实条件，无法像他那样潇洒。

上大学之前，我总是在备战各种考试，上各种兴趣班，根本抽不出时间去旅行。当然，也因为家里经济条件不是很宽裕，想要父母拿出一部分余钱让自己去看世界，确实有些困难。上了大学之后，时间相对宽裕了一些，加上大一大二的时候又利用业余时间去做家教，做促销，攒了一些钱，所以在大二暑假的时候，我就开始计划要去行万里路了。

大三的时候，一有假期，我立马背上一个大大的双肩包，直奔车站。由于积攒的钱不多，我当时只能选择去周边的一些小城镇旅行，看山看水，看风土人情，当然最重要的还是在旅途中不断地与人交流，与人沟通，结识一些新朋友。每一次旅途归来，我都会静下心来写一写旅途的感受，记录一下自己的心路历程。

到了大四快毕业时，我的旅游散文写了有几十篇吧，总字数超过了10万字。当我把手写稿拿去给我们学院的一位文学老师看时，他是这么回复我的：“写得真不错，我帮你把它推荐给出版社，看看能不能结集出版。”尽管最后我的那些旅游散文没有能够结集出版，但是那对我来说有着非凡的意义——不管是旅游的过程，还是旅游归来写下的文字，都是我宝贵的经历。

大学毕业工作了之后，我每年的公休假都不会闲在家里，要么邀上一两个好友，要么带上妈妈，一起去旅行。到我有了家庭、有了孩子之后，不管是长假还是短假，我都会给自己和孩子安排一次旅行，有时是到离家门口不远的城镇去小住一两天，有时会到国外某个城市玩一玩。

如今，只不过三十几岁的我行走过的城市——不管是国内的还是国外的——加起来少说也有几十个了。

我很享受这样的生活，但是有些朋友却这样问我：“你这样每年到不同的地方行走，花一笔不菲的费用，图啥呢？值得吗？”

我毫不犹豫地回答：“值得！”

因为行走，并不是离开，也不是为了离开，而是为了更好地回来；行走，不是为了逃避生活，逃避工作的烦累，而是一种自我充电。

或许有人认为，想知道一个地方是什么样的，看看有关它的书就行了。但是我要说，书上写的绝对不会等同于亲眼看到的。

我每一次出行之前，都会找有关目的地的书籍看看，在有个大概的了解之后再出发。然而，当我真正到了那个地方，置身于其中时，才发现：读万卷书，也还是要行万里路，因为两者不可能完全重合。另外，每一次出行，我都能从中悟出一些做人的道理，悟出一些人生的哲学，这些，都是书本上看不来的，也学不到的。

不知哪位哲人曾说过：“要么读万卷书，要么行万里路，反正思想和灵魂总有一个要在路上。”是的，读万卷书是知识，行万里路是见识，只有知行合一，方能将人带入一个人生的制高点。

02

独到的眼光，照亮不一样的成功

眼光独到，做事才会成功；眼光敏锐，智慧才会化作成就；眼光长远，困境才会迎刃而解。

独到的眼光，能够照亮不一样的成功。人只有具备独到的眼光，才能从不同的角度看问题，从而生发出不一样的想法，不一样的人生谋略。

比尔·盖茨唯一崇拜的对象，被称为“石油大王”的美孚石油公司的创始人约翰·洛克菲勒，正因为具有独到的眼光，才能够创建史无前例的联合事业——托拉斯。

约翰·洛克菲勒小时候就表现出了独到的眼光。他看到市场上对火鸡的需求量非常大，于是精心喂养自己捉到的小火鸡，之后挑选出一些到集市上售卖。到12岁的时候，约翰·洛克菲勒就已经靠自己的双手赚到了50美元。为了能够让钱生钱，他将这50美元借给了邻居收取利息。

高中快毕业的时候，约翰·洛克菲勒去了福尔索姆商业学院克里夫兰分校读了一个为期三个月的课程，课程结束之后进入休伊特－塔特尔公司做了一名簿记员。由于薪水不高，约翰·洛克菲勒的生活过得很清苦，于是，他开始想办法赚钱。经过一番调查研究，约翰·洛克菲勒觉得倒卖谷物和肉类有利可图，所以向父亲借了1000美元，加上自己辛苦积攒下来的800美元，与比他大10岁的伙伴克拉克合股创办了一家经营谷物和肉类的公司。由于经营顺利，公司第一年就净赚了4000美元，第二年净赚了1.2万美元，到了第三年的时候，收益更加可观。这使约翰·洛克菲勒收获了他人生中第一笔比较丰厚的财富。

1859年，美国宾夕法尼亚州的第一口油井——德雷克油井获得了商业性成功，标志着现代石油工业的开始。约翰·洛克菲勒注意到了这个具有划时代意义的重磅新闻，于是将眼光投放到了石油业上。

1863年，约翰·洛克菲勒在炼油专家安德鲁斯的建议下，投资成立了一家炼油公司——安德鲁斯–克拉克公司，后因与合伙人意见分歧，1865年公司拆伙拍卖。约翰·洛克菲勒当时依然觉得石油市场大有可为，所以竞拍下该公司，并将公司改名为洛克菲勒–安德鲁斯公司。第二年，约翰·洛克菲勒的第二家炼油厂开办，顿时，洛克菲勒–安德鲁斯公司成为克里夫兰的第一大炼油企业。

之后经过几年的发展，洛克菲勒引入新的投资人，于1870年将公司进行内部合并，成立了资产达100万美元的标准石油公司，洛克菲勒任总裁。然而，约翰·洛克菲勒并不看好标准石油公司储蓄式的创富发展速度，他要建立属于自己的石油帝国。

1882年，约翰·洛克菲勒开创了美国历史上第一个联合事业，即由许多生产同类商品的企业或产品有密切关系的企业合并组成的托拉斯。

托拉斯极易聚集财富，能够垄断销售市场，加强竞争力量，获取高额利润。仅两年时间，约翰·洛克菲勒就利用托拉斯结构合并了40多家厂商，垄断了全国80%的炼油工业和90%的油管生意。这时，标准石油公司已然发展壮大成为全世界最大的石油集团企业，约翰·洛克菲勒把公司定名为美孚石油公司。

美孚石油公司几乎控制了美国90%的炼油业，几乎控制了美国全部工业和几条大铁路干线，它的炼油能力从占全美的4%猛增到95%，同时还大幅度降低了石油产品的价格，汽油价格从每加仑88美分下降到5美分，给世界人民带来了极大的福利。约翰·洛克菲勒因此成为名扬世界的石油大王。1910年，约翰·洛克菲勒的个人财富高达10亿美元。

正所谓：眼光独到，做事才会成功；眼光敏锐，智慧才会化作成就；眼光长远，困境才会迎刃而解。让我们练就独到的眼光，去发现机遇，去创造机遇，去开创属于自己的美好未来。

03

用智慧引路，
努力做个人生的大赢家

没有智慧，就没有现代社会；没有智慧，就没有现代文明。因为智慧，人们变得更加聪明；因为智慧，人们变得更加优秀；因为智慧，人们变得更加强大。发展创造力，扩大影响力，获得非凡成就，唯有靠智慧引路。

国际知名投资人、软件银行集团董事长兼总裁孙正义，1981 年创建了软银集团，只用了 33 年的时间，便将其发展成为一个信息技术帝国。孙正义能取得如此辉煌的成就，自然缘于他具有超乎常人的大智慧。

1957 年出生于日本的孙正义，在 16 岁的时候到了美国进入加州柏克莱大学就读。可能是因为主修经济的缘故，他一直都很有商业头脑。不过他跟其他同学的想法不一样，他并不想通过刷盘子挣钱，而是想依靠发明创造来赚取生活费。

孙正义搞发明确实有一套，他每天都会抽5分钟的时间做一件事，即从字典里随意找三个名词想办法把它们组合成一个新东西。一年下来，竟然有了250多项发明，其中有一样是“可以发声的多国语言翻译机”，它是孙正义从字典、声音合成器和计算机这三个单词组合而来的，有了这样一个机器，人们便可以畅游世界了，再也不用因为语言不通而却步了。有了发明物，接下来孙正义就要为发明物找市场了。孙正义利用假期回国探亲的机会，不遗余力地向日本各大公司推销自己的这个发明。最终，夏普公司用1亿日元买下了他的这个专利，使他赚到了人生中的第一桶金。

21岁的孙正义大学毕业后回到了家乡，成立了Unison World股份有限公司。当时的他，并不想选一个赚钱的生意来做，而是想选一个能让他做至少50年的生意。——这就是他的大智慧所在。

说实话，公司成立之初，孙正义根本就没想到自己到底要做什么，所以列出了40项他可能要从事的事业。孙正义以公司的名义对这40项事业用了1年半的时间进行一系列的市场调查，同时拜访了各式各样的人，阅读了多种多样的书刊和资料，分别编制出了十年份的预估损益平衡表、资产负债表、资金周转表，还依时序的不同编出不同形态的公司组织图，做出沙盘推演。——如此充满智慧的做法，世上罕有。

通过对各项综合数据和资料进行详细评估之后，孙正义决定做计算机软件批发业。所以，当年 9 月，孙正义投资 1000 万日元成立了软件银行，且在半年之内就与 42 家日本专卖店和 94 家软件从业者有了交易来往，同时他还成功说服了东芝和富士通公司对自己的软件银行进行投资以扩大规模。结果软件银行因经营不善亏了本，孙正义二话不说就返还东芝和富士通等财团的投资资金，独自承担损失。这得到了软件行业的前辈们的欣赏和赞誉，为他的事业奠定了信用基础。

1992 年，孙正义得到思科系统的日本代理权，邀集日本 14 家会社共同出资 4 千万美元投资一个项目。那一年，日本软件销售的 70% 是由软件银行控制的。从那时起，孙正义和软件银行便开始进入了飞速发展时期。

可是，一个如此有智慧的人，怎么会满足于自己一手创立的软件银行只是在国内名声响亮呢？所以，孙正义开始带领软件银行冲进国际市场。首先在美国注册了公司，标志着软件银行跨国经营的开始，然后于 1995 年又大举进军互联网领域——仅用 1 年时间，便对 55 家互联网企业投资了 2.3 亿美元。1996 年 3 月，软件银行又向阿里巴巴投入 2000 万美元帮它收购雅虎中国，功成之后身退，主动退股套现 3.5 亿美元。到了 2000 年，软件银行得以跻身日本前十大会社，拥有了 300 多家美国企业和 300 多家日本企业的合资或独资企业，资产高达 400 亿美元。

“20 岁时打出旗号，在领域内宣告我的存在；30 岁时，储备至少 1000 亿日元资金；40 来岁决一胜负；50 来岁，实现营业规模 1 兆亿日元。”这是 19 岁那年的孙正义给自己定下的人生目标。如今，他的目标已然实现，2014 年 9 月 16 日，他跻身日本首富行列，财富净值涨到 166 亿美元。

智慧具有长远性和可预见性，它会使人生的脚步变得带有确定性和坚定性；它可以带给人一个明确的方向和一个明确的灵魂牵引，而它一定不会落伍，也一定不会被淹没。因为智慧，人们变得更加聪明；因为智慧，人们变得更加优秀；也因为智慧，人们变得更加强大。

04

掌控业余时间，掌控自己的广阔人生

业余时间可以成就一个人的人生高度，可以延伸一个人的人生宽度，也可以挖掘出一个人的人生深度。某种程度上说，人能否取得成功，能否采摘到幸福的果实，取决于能否掌控自己的业余时间；掌控了自己的业余时间，就掌控了自己广阔的人生。

爱因斯坦曾说过：“人的差异在于业余时间。业余时间生产着人才，也生产着懒汉、酒鬼、牌迷、赌徒，由此不仅使工作业绩有别，也区分出高低优劣的人生境界。”是的，某种程度上说，人能否取得成功，能否采摘到幸福的果实，取决于能否掌控自己的业余时间；掌控了自己的业余时间，就掌控了自己广阔的人生。

隔壁办公室的两个姐妹，一个是从乡镇考到区直机关单位的“村姑”小妹，一个是一出生就有个副厅级老爸的“公主”小妹，两人的生活背景天差地别，单位里的大姐们都说“公主”小妹升迁的机会很大。“村姑”小妹也听到了这样的传言，她自问出身背景比不上“公主”小妹，但不觉得自己的能力低于对方。为了不使自己在升迁这件事上败于“公主”小妹，“村姑”小妹每天下班后先是赶到培训机构上培训课程，下课之后回到家又挑灯夜战，读书写字，累了就掩卷深思或是小憩一会儿。日子就这么一天天地过去了，“村姑”小妹通过了资格考试，拿到了资格证书，另外她还报读了在职研究生班，且顺利地拿到了硕士学位。在“村姑”小妹奋笔疾书的业余时间里，“公主”小妹则出入各种娱乐场所，肆意挥霍青春，完全将自己的闲暇时间置于酒醉灯迷的生活之中。

后来，“村姑”小妹和“公主”小妹所在的处室空出了一个副处级干部的职位，单位人事处以竞聘上岗的方式欲在她俩之中择其一授予之。

竞聘演讲时，“村姑”小妹把自己这些年来所取得的成绩列数出来，同时又将自己多年来的工作经验总结出来，赢得了领导和同事们的阵阵掌声。“公主”小妹听罢“村姑”小妹的演讲，傻眼了！她站到演讲台上，根本就不知道该说什么，能说什么。结果，大家想必也猜到了，年纪轻轻的“村姑”小妹以自己辛勤的汗水，以自己业余时间的刻苦钻研和学习当上了副处级干部，翻开了她人生最重要的一页。

可以说，业余时间可以成就一个人的人生高度，可以延伸一个人的人生宽度，也可以挖掘出一个人的人生深度。所以，我们一定要努力掌控它，以掌控自己广阔的人生；努力规划好它，让自己成为时间的智者；努力设计好它，让自己成为时间的主人。

05

冲破固有的思维模式，通向更广阔的世界

人只有冲破固有的思维模式，想别人之所未想，试别人之所未试，才能够充分发挥潜能，创造无限可能，通向广阔世界。

人只有将思维定式的墙推倒，用发散思维思考问题，才能提高处理和解决问题的能力，才能克服重重困难走出层层迷雾，寻找到解决问题的最优办法。

法国著名的探险队员劳而诺，支撑他不断地去探险，不断地跨越一个又一个生死关头的，除了他的冒险精神，就是他的发散思维。

1978 年，劳而诺跟随法国探险队员成功登上了位于我国与尼泊尔边界的世界上海拔最高的山峰——珠穆朗玛峰。当大

家带着成功登顶的喜悦徒步下山时，很不幸遭遇到了前所未有的大危险。

当时，珠穆朗玛峰天气骤变，刮起了狂风，下起了暴雪。探险队员们举步维艰，稍有不慎，就会有掉落山谷或是被风雪吞噬的危险。所以有人提议，暂避一下恶劣的天气，待天气好转了再下山。可是，探险队留存的食物已经不多了，如果真的停下来扎营的话，不被饿死也会被冻死。何况，当时大风大雪也没有很快停下来的迹象。但是如果不停下来扎营，继续前行的话，因为大部分路标被大雪覆盖，很可能找不到正确的下山路而绕弯路，也存在危险性。再加上队员们都带着增氧设备和行李，压得快要喘不过气来，如此走下去，就算不被饿死冻死，也会被累死。

停也不是，走也不是，整个探险队陷入了一片迷惘之中。劳而诺望着一片白茫茫的下山之路，一时之间也不知道到底该如何是好。是不是真的只有死路一条呢？难道只有停下来扎营和继续无路标指引的冒险下山这两条路可选吗？劳而诺陷入深深的思索当中。

他仔细观察了一下四周的环境，又细致地分析了一下自己和队员们当时的身体和物资储备状况。他初步估计，探险队最快也要10天时间才能到达山下。这10天时间里，如果天气一直都这么恶劣的话，他们不仅不能扎营休息，而且还有可能因为缺氧而使体温下降以至于冻坏身体——这对他们来说，实在是太危险了。到底该怎样做才能安全地将队伍带下山呢？劳而诺沉思片刻，冲破固有思维模式，给出大家一个建议："我们把随身装备全部丢弃，只留下食物，轻装前行，争取以最快速度下山！"

队友们因担心没有增氧设备等装备会给自己的生命安全带来风险，所以都不愿冒险接受劳而诺的建议。劳而诺劝说他们，按照登山的惯例，遇到此等情况不是停下扎营，就是继续背着重重的设备冒险下山，但是以当时恶劣的环境来看，不管怎样选择，都逃不过一死，既然如此，为什么不换一种思考方式，选择另外一种方式以求保命呢？尽管不能保证自己提出的那个建议一定能够将全部的队员都安全带下山，但那绝对是一个希望，一个生还的希望。

"我们把重物丢掉之后，就不会再有任何幻想和杂念。我相信，只要我们坚定信心，轻装下山，加快行走速度，绝对有生还的希望！”

最后，队员们不再反对，轻装下山。一路上大家互相鼓励，互相扶持，不分昼夜，忍受着疲劳和寒冷，前行，前行，再前行！结果，大家只与恶劣的风雪天气抗争8天便顺利到达了安全地带。

用惯性思维去思考问题，确实可以避免走一些弯路，但并不是每一件事每一个问题都适合用惯性思维去思考去解决。当环境变化了，形势改变了，原有的方法行不通了，就务必要适时地灵活地做出改变。

附录

三十几岁男人的修炼手册

01

穿衣打扮有学问

30多岁是男人生命的第二个起点。站在这个起点上的男人，需要靠“注重场合、注重细节、讲究品质”的穿衣打扮来增强个人魅力，凸显个人品位。

（1）不同场合穿搭不同服饰

出席重要会议时，务必要穿得正规。这个时候，西装套装是最好的选择。一般情况下，建议选择颜色比较厚重的西装搭配同色系的衬衫，领带的颜色和纹路不能过于抢眼，最好选择素色的，然后再配上一双很百搭的黑色皮鞋。注意，如果不是出席与时尚服饰有关的重要会议，千万不要选择尖头皮鞋。

出席一般会议时，可以仍然以西装为主，但是颜色可以偏浅色一些；如果想要时尚一些，可以选择浅色系的衬衫配鲜艳的领带；皮鞋的款式和颜色的选择也稍微宽松一些，可根据个人喜好选定。

参加家庭活动时，选择休闲装最好。春季可穿运动套装，夏季可穿T恤加短款牛仔裤，秋季可穿长袖衫加长款牛仔裤，冬季可穿保暖大衣，内搭或深色或浅色的毛衣再加休闲裤即可。

参加朋友聚会时，如果是比较大型的同学聚会，可根据聚会的主题和季节选择服饰；如果是参加小范围的朋友聚会，因为大家都是玩得比较好的朋友，所以在衣着的选择上，只要穿起来不拘谨、不过于正式就行；如果是参加旧朋友引荐新朋友的聚会的话，就不能穿得花哨，要尽量选择能体现活力的简单服饰，以给人一个好印象。

周末与家人逛街时，可以完全根据个人的喜好来选择服饰搭配。可以选择一件图案比较抢眼的T恤加一条时尚感十足的破洞牛仔裤，可以选择跑鞋，也可以选择布鞋，让自己充满青春活力之余感到无比轻松舒适。

（2）着装搭配务必注重细节

黑色皮鞋配白色袜子是大忌。黑色皮鞋最好配以深色的袜子，白色袜子与休闲鞋和运动鞋比较配。

西装配运动鞋也是绝对的忌讳。着西装给人的感觉比较正式，运动鞋是休闲款型，两者搭配在一起不伦不类。

高品质内衣彰显男人的高贵气质，劣质内衣绝对能摧毁一个男人的高大形象。所以男人在选购内衣时，一定要选择质地好的、手感好的。

西装是每个男人衣橱里必备的，但选购西装时一定要注重品质，西装的面料、剪裁、扣子、领型极为重要，切不可随随便便选购一些面料和做工都不上档次的西装往身上套。

领带也是男人衣橱里的必备品。在给自己配领带时，一定要契合出席的场合且跟自己身上所着的西装匹配。

皮带的选择也不可忽视。一般情况下黑色和深棕色的皮带比较百搭，但一定要选择品质好的。除黑棕色外，其他颜色的皮带，一定要根据当日所着的服装来选配，切不可黑色沉稳型的西装配上橘红色活泼型的皮带。白色皮带一般与休闲装比较配。

02

坐立行走有要领

男人的魅力是要经过后天的打磨和锤炼才能够凸显出来的。一般来讲，我们可以从最简单的坐立行走四个方面来进行修炼。

（1）坐

男人的坐姿可以没有女人雅，但是一定要正，上身务必要正，最好坐椅子的三分之一。切记：坐下时两腿不可以抖动，更不能去翘椅子，否则，会给人以不成熟、不稳重的印象。

（2）立

站的时候要注意三点——抬头、挺胸、收腹，而且腰板一定要挺直。头虽然要求抬起来，但是切忌下巴也抬起来；胸也别挺太过，要平。这是最起码的站姿，且不管在哪里，出席哪种场合，只要是站着，就一定要保持这样的站姿。

（3）行

走的时候一是要注意形态，跟站一样，也是要抬头、挺胸、收腹，切不可埋着头走路，这样不仅没有仪态，也很危险；二是要注意走姿，两手自然垂直向下，轻轻地前后摇摆，自然向前走；三是要注意走速，不赶时间时绝不要急步流星，也不要慢悠悠的，好像生怕踩了脚下辛勤劳作的蚂蚁，不紧不慢稳稳当当地走就好。

（4）走

在这里是跑的意思。跑跟走的姿势一样，抬头、挺胸、收腹必不可少，两手随着脚步前后摆动，有节奏感，有速度感。跑的速度可根据个人当时的需求定，要目视前方，以保证遇到突发情况或是障碍物能够马上停下来。

03

合理饮食有讲究

一般情况下，大家每天都是吃三餐，但是也有些人因为生活习惯和工作状况等原因,每天可能只吃两餐或是少食多餐。没关系,只要没有饥饿感,只要能够保证每天摄入足够的营养,并且避免摄入过多的脂肪，吃多少餐可根据个人情况而定。

有人说，早餐适合7点左右吃，午餐12点左右吃，晚餐18点左右吃。其实，没必要将三餐的时间定得那么具体，完全可根据个人的起居和工作情况而定，只要保证两餐的时间间隔在4—6小时即可。最好能做到三餐时间相对比较固定，但是如果来不及吃某一餐的话（尤其是早餐），也可以在办公室储备一些营养价值较高的食物代替，至于饼干、蛋糕等高热量低营养的食物还是少吃为好。切记：肚子饿时务必要尽快进食，不能让胃空着，不然会引起消化道分泌消化液的能力紊乱。

俗语云：“早上要吃好，中午要吃饱，晚上要吃少。”这句话不完全正确。早上吃好，其实真正的意思是要营养均衡，不仅要进食主食，如面包、馒头、饼、米饭、粥等，还要至少进食两种蛋白质食物，如蛋、奶、肉、豆制品等，另外还要进食少许蔬菜或者水果，还可以选择性地吃些坚果。这样，一个上午的营养元素就足够了。午餐吃饱，其实是说主食和菜要都尽可能丰富一些，以加大各种营养元素的摄入。晚餐吃少，是指只要不让自己饿着，简单吃些热量低的、油脂少的食物即可，最好吃些杂粮，以弥补早餐和午餐没能吃到的食物。然而，有些人会因为要清肠或者是减肥，不吃晚餐或用水果替代，这样是不可取的，非但达不到减肥的效果，还会产生很大的副作用。因为按照我们国家大多数人的工作情形来看，早餐肯定吃得很少，中午吃得很差，就靠晚餐把一天的营养给补回来，所以一天最重要的一餐当属晚餐，如果把晚餐舍弃了，每天就要损失50% 左右的营养供应，这样很容易会造成身体代谢功能紊乱及体能下降等后果。所以，一日三餐的分配，还得以自身的情况定，只要照顾好自己的肠胃就好。

很多人有晚上吃夜宵的习惯，吃夜宵要注意几点：一是低脂肪，少热量；二是易消化，不增加肠胃负担；三是刺激性小，最好是利于入睡的食物，如热牛奶、粥类等；四是务必在睡前 2 小时进食。

注意，在节假日的时候，很多人因为闲着无聊吃各种零食、水果，有的甚至还以此代替正餐，还有人因为正餐丰盛而在餐后放开胃吃，这样很不好。还是应该按照平日里的吃法和固定用餐时间进食，不然会使自己的肠胃功能紊乱。另外，节假日很多人喜欢喝几杯，这个时候务必要注意在喝酒的同时多吃饭，以补充足量的碳水化合物，防范乙醇性脂肪肝的发生。

04

与人相处有门道

社会是个大舞台，有着形形色色的人，每个人所扮演的角色又不同，我们又经常要跟各种不同性格的人交往，那么人与人之间到底要如何友好地相处呢？虽然人与人之间的相处之道看似高深莫测,但是还是有章可循的,你只要遵循一句话——“揣摩人的秉性，灵活与人相处”即可。

与死板的人相处，客客气气地跟他寒暄打招呼，他一定是爱理不理的。在与这类人打交道时，不能以其人之道还治其人之身，要多花些时间去观察交往对象，从对象的言行举止中找出其感兴趣的事来展开话题，那么对方必然会对你表现出一反常态的热情。

与傲慢无礼的人相处，说话要简明扼要，即用尽量少的语言清楚地表述自己的意愿，尽量缩短与之交流的时间，以减少他表现傲慢无礼的机会，同时也能够使对方感到你是一个干脆的人。这类人最喜欢跟干脆的人打交道了，一来二去，你们很可能就成为朋友。

与沉默寡言的人相处，会比较沉闷、备感压力。有些人会为了活跃气氛故意找话题聊，这样反而不好。应该尊重对方，让其保持一份内心的平静，不然只会招对方反感，不宜进一步相处下去。

与自私自利的人相处，要时刻记住一个要点，那就是各取所需。这类人只注重个人利益得失，不会跟你讲情谊，你也没必要回以真性情，只要按付出给予回报，获得有效的利益就好。

与争强好胜的人相处，决不能一味地迁就，也不能投放太多的情谊在对方身上，而且在必要时，还要以适当的方式去打压他的气焰，打击他的傲气，让他知道这个人生道理——“世界上比你能干的人多的是”。

与狂妄自大的人相处，首次交谈很重要。这类人往往胸无点墨但喜欢夸夸其谈，初次与他们相处，一定要以自己不一般的见识震慑之，让其明白，在你面前狂妄自大没有市场。那么在以后的相处中，这类人必然会多一分真诚，少一分自大。

05

投资理财有步骤

投资理财，看似难，但是做起来不难，简单来说，可以分几个步骤进行。

第一步是做好现金规划。首先要将一部分现金作为备用金。一个家庭里必然会有老人要赡养，有小孩要养育，所以每个家庭至少要准备 3 个月的生活费作为备用金，这笔备用金要能够直接从现金存款中提取。另外还要准备一部分应急资金，以备应对突发事件。除去备用金和应急资金外，若还有多余的现金的话，可以适当地做些投资，如买收益合理、风险也比较低的国债或基金。如果具有冒险精神且承担得起风险的话，可以小购一些股票。还有，投资自己也是很好的理财方式，可以给自己报读一些有助于事业发展的课程。当然，每月也务必要存入银行一定数额的现金。

第二步是做好医疗基金规划。如果夫妻双方有医疗保险的话，建议还要根据自己的收入情况，买份经济条件能接受的商业保险（如消费型的重疾险和意外险）进行补充，同时也给孩子购买一份商业医疗保险，以备不时之需。如果家里老人没有医疗保障，可以为老人建立医疗基金，购买保本型的债券基金，不断充实和扩大医疗基金的规模。

第三步是做好教育基金规划。孩子的教育基金具有可预见和期限长两个特点。九年义务教育之后的教育花费会逐渐加大，可以每月做一定数额的基金定投，到孩子接受高等教育时能筹集到一定的资金。

第四步是做好房产规划。在家庭经济条件允许的条件下，可以通过公积金贷款或者商业贷款的形式购买适合居住的、价位也可以接受的房产。

第五步是做好购车计划。虽说车辆是一种消耗品，但是对于城市中的家庭来说，家中备辆车还是方便很多的。可是是否要买车，买什么车，一定要慎重考虑再定，一定要在家庭经济条件能够承受得起的情况下买车，而且买的时候也不能抱着一步到位的心态去买好车、豪车。如果家庭条件一般的话，买辆性价比比较高的车子做代步工具就好，毕竟购车之后还要缴纳各种税费。

06

应该怎样提高自身修养

提高自身修养，就是人在个体心灵深处进行的自我认识、自我解剖、自我教育、自我提高的过程。一个人只有具备良好的自身修养，才会赢得别人的尊重。那么，该怎样提高自身修养呢？

一是提高个人认知，即提高自己对自己的了解和认识。认识自己不是一件容易的事，需要经过一个漫长的过程。只有客观真实地评价自我，找准自我的位置，才能更好地立身行事。

二是控制个人情感，尤其是要习惯控制负面情绪，决不能让其影响自己的心境。

三是提高个人意志力，使自己能够有意识、有目的、有计划地调节和支配自己的行为，提高自己处理问题的能力。

四是加强个人信念，以支撑自我的行动，推动自己靠努力去争取成功。

五是注意个人言行，将自己的魅力、气质通过良好的语言和行为表现出来。

六是养成良好个人习惯，以获得更多的发展机会，提高成功的概率及生活质量。

07

应该养成哪些良好习惯

有好的习惯，才会有好的性格；有好的性格，才会有好的命运。所以，人一定要养成良好的习惯。

首先，要养成良好的动笔习惯。勤于思考，善于总结，将所思所想写下来。因为学无止境，人务必要学到老活到老。

其次，要养成良好的阅读习惯。男人到了三十几岁，最能征服别人的就是谈吐和修养。一个经常阅读的男人，他的谈吐和修养必然会高于常人，遇事也往往会比常人更冷静。所以，即使工作再忙，也要抽时间多看书。

再次，要养成良好的做人习惯。不仅要学会独立自主，更要具有强烈的责任心，要有自信，有毅力，讲诚信，尊重他人，善待他人，也善待自己。

四是要养成讲礼貌的习惯。学会礼貌待客，不给别人添麻烦，文明接打电话，不乱翻别人的东西，在公共场所要注意保持安静，见到熟人主动打招呼，进门前要主动敲门，等等。

五是要养成良好的消费习惯。用钱要有计划，消费适度、理智，珍惜财物，等等。

六是要养成良好的饮食习惯。一日三餐定时定量，细嚼慢咽，爱惜粮食，不挑食，不偏食，少食或不食零食，不要过多地吃甜食，不用饮料代替白开水，等等。

七是要养成良好的卫生习惯。服装干净整齐，勤洗勤换；勤洗头，勤洗澡；保持指甲清洁，注重牙齿健康，早晚勤刷牙；不随地吐痰和乱扔杂物，等等。

八是要养成良好的休闲习惯。合理安排休闲时间，热心公益活动，培养一种爱好，使自己具备一定的艺术修养，等等。

九是要养成良好的运动习惯。每天至少运动一小时，经常散步，积极参加各种体育运动比赛，敢于尝试新项目，常到大自然中去呼吸新鲜空气，等等。

十是要养成良好的劳动习惯。常劳动多劳动，注重劳动操作程序，劳动中要注意自我保护及爱护和珍惜劳动成果，等等。

十一是要养成良好的视听习惯。合理分配时间，视听有节制。选择收看适合自己的电视节目，获取有用信息，同时学会处理和利用信息；安全上网，有效利用网络进行学习。

十二是要养成良好的交友习惯。热心帮助他人，不怕吃亏，多积累交朋友的资本，对朋友讲诚信，等等。

08

应该怎样利用业余时间

首先，我们要计算一下可以利用的业余时间。

上下班的路上，聊 Q 玩手机或看电视剧、看娱乐节目的时间，做饭、吃饭的时间，等等，这些时间都可以充分利用起来一心二用。比如上下班的时间可以边走边听一听新闻资讯等，做饭、吃饭的时候，可以打开电脑听讲座、听新闻、听行业报道等。光听也不行，要想，要转化为自己的知识，可以边听边复述，以加深印象。

其次，我们要将零碎的业余时间整合成大块的时间充分利用。很多人节假日的时候，这里弄弄，那里搞搞，一天时间就过去了，这样把时间分得零零散散的，很多时候是做不出什么有效的事情来的。不如早早做好计划，如一整个早上时间拿来阅读一本书，一个下午的时间拿来做一项有效的训练，等等。另外，还可以利用晚上一整块业余时间去报读一些有助于自己职务晋升的课程，学习行业新知识，等等。

另外，我们要注意将业余时间聚焦于真正有意义的事。信息化快速发展的时代，网络是把人的时间变得零碎化的罪魁祸首。我们不能将自己封闭在完全无网络的环境下，但我们可以努力做到不被网络或是其他事务分散自己的注意力，使自己能够将业余时间完完全全用于提升自己的各种能力上，而不是消磨掉。

充分利用业余时间提升自我能力的方法还有很多，要靠大家去摸索，去实践，只有大家不断地去坚持，让提升自我变成一个内化的、隐含的目标，才能够真正有益于我们的人生。

—

09

经营婚姻的定律和误区

婚姻需要经营。经营婚姻，最基本的定律是：互相爱慕、互相尊重、互相理解、互相容忍、互相信任以及互相沟通。

（1）互相爱慕是建立婚姻的基础。只要彼此一直相爱着，就必然能够克服一切困难，携手到老。

（2）互相尊重是婚姻存在的基本条件。枕边人是自己的爱人没错，但她也是一个个体，有自己的思想，自己的爱好，自己的做事方式；尊重她，才能使她长久地安心陪伴在你身边，跟你共进退，共发展。

（3）互相理解是婚姻存续的基础，也是婚姻保鲜的秘诀。夫妻在婚姻生活中，或多或少都会存在一定的摩擦。很多职场人士会因为工作压力过大而容易对另一半发火，如果对方不给予理解的话，大吵一架是必然，严重的话还可能会使婚姻亮起红灯。切记：多一些理解，才会少一些争执，多一些和谐。

（3）互相容忍是婚姻长久的基本要素。人无完人，每个人都有缺点，也都会犯错，夫妻双方一定要学会容忍对方无伤大雅的缺点和过错，婚姻才能保持长久。

（4）互相信任是婚姻的保鲜剂。夫妻间最忌讳的就是互相猜疑，如果整天都疑神疑鬼，总担心对方做出对不起自己的事情，这样的日子根本没法过。爱她，跟她组建了一个家庭，就务必要信任她，建立在互相信任基础上的婚姻才不易腐坏变质。

（5）互相沟通。夫妻间要常沟通，多了解，不管是喜怒还是哀乐，都尽可能地跟爱人诉说。让爱人真正走进自己的心理世界，才能和对方建立思想的共鸣，才能使婚姻之路越走越幸福。

在经营婚姻的过程中，往往容易走入误区，以下列出一些常见的误区并附上相应的正确认知：

（1）过于迁就对方和取悦对方。再爱对方，也不能失去自我，放弃自我的原则想法；不能为了维系婚姻，一味地取悦迁就对方，做出一些不恰当的行为。

（2）对婚姻期望值不够明确。夫妻一起生活，面临着很多的琐事，比如家务活的分工、儿女教育、理财方法等，如果夫妻双方对这些无法明确的话，不对此进行深入交流和沟通达成共识的话，两人的期望值不一致的话，那么矛盾就会日渐凸显，婚姻之舟很容易触礁。

（3）带着情绪沟通。夫妻间进行沟通和交流时，如果一方带着情绪说话的话，对方若是不能够包容，必然会针锋相对，那么就很容易将问题放大化，将矛盾扩大化。只有本着解决问题的原则，不带情绪地进行交流，才能平和地解决矛盾和争端。

（4）以沉默的方式回应对方。很多夫妻都是一方唠叨一方沉默，一方发火一方若无其事，这并不是解决问题的方法。以沉默来回应对方，只会加深彼此间的陌生感，甚至会激怒对方，反而不利于解决夫妻间存在的问题，因此一定要积极地回应对方，积极地进行沟通。

（5）不重视夫妻生活。性爱是拉近夫妻关系、增进夫妻感情的黏合剂，以任何理由和借口将性爱从婚姻生活中减少甚至排除，都是错误的。夫妻间要经常亲密无间地相会，才能让婚姻之花常开不败。

（6）忽略对方。婚后，会因为各种原因——如工作忙、家务重等——减少对爱人的关爱，别以为这是小事，长此以往，必然影响夫妻关系。可以通过一些小举动来让爱人感受到被疼惜、被珍视，比如常常给爱人一些鼓励，早晚给爱人一个拥抱，时常爱抚对方，等等。

—

10

教育孩子的四个要点

望子成龙是每个家长的夙愿。俗话说，父母是孩子的第一任老师，所以家庭教育对于孩子的成才有着至关重要的作用。教育得好，成才的概率大大提升；教育得不好，成龙成凤简直就是奢望。那么，父母该如何教育孩子呢？

首先，要尊重孩子的人格，不伤孩子的自尊心，把孩子当成平等的家庭成员，让孩子有表达意见的权利，有自由选择的权利。但若是认为孩子的选择不够好时，尽量用摆实事、讲道理的方法引导孩子认真思考，不要轻易对孩子的行为做出评价和对孩子发号施令，更不能硬性要求孩子更改意愿，最后也还是要尊重孩子的选择。

其次，是认真倾听孩子的诉说，耐心地跟孩子相处。跟孩子最好的相处方式就是做朋友。跟孩子做朋友不能没有自己的原则，对孩子不能溺爱，可以让孩子自由发展自己的兴趣爱好，但决不能放任自流。跟孩子成了好朋友之后，孩子会很愿意跟父母倾诉。在孩子跟父母倾诉时，父母要认真倾听，有些时候只需要听不需要发言。虽然父母跟孩子是可以成为朋友，但是毕竟是两代人，相处起来还是会因为年龄和身份等原因有些不便，但只要有耐心，一切问题都可以迎刃而解。

再次，就是要理解孩子，了解孩子的内心和愿望。多与孩子沟通，主动和孩子交流，对孩子的正当要求尽量予以满足；如果满足不了，要很好地跟孩子解释原因，争取孩子的理解。在跟孩子有意见冲突时，要站在孩子的角度去思考一下，理解孩子跟自己意见相左的原因，然后再考虑双赢的对策。

最后，要接收孩子的反馈。很多时候，父母在指出孩子存在的错误时，孩子会找出很多个理由来证明自己的清白，这并不是孩子在狡辩，而是他们对家长教育的一种反馈。教育是双向的，家长不能一味地教，也要接收孩子反馈回来的信息，这样才会达到教育的目的。当孩子对父母的教育做出反馈时，父母要先对孩子的反馈进行分析，并针对孩子反馈的问题，进行有目的的教育。

11

对待父母的正确态度和方法

对待父母，最正确的态度是：孝而不顺，且还要用三颗“心”来对待他们。

一颗是感恩的心。感谢父母生下了我们，养大了我们，教育了我们，我们要永远感激他们。

一颗是包容的心。父母一直包容着我们长大，而当他们年迈时，也可能会像小孩子一样，任性、倔强，我们要包容他们，给予他们最大的理解和支持。

一颗是关爱的心。世界上最深的情是亲情，最真的爱是父母之爱，我们要回报给父母最真最诚的爱，才不枉父母辛辛苦苦把我们抚养成人。

对待父母最正确的方法是：

（1）有效沟通。有空的时候多与父母聊一聊自己的工作情况，聊一聊自己的家庭情况，不抗拒跟父母说心里话，让父母全面了解自己内心的想法。招式一：主动交流。每天抽点儿时间，如饭前或饭后，或给远方的父母打个电话聊聊天，或坐下跟同住的父母分享一下一天的工作经历。招式二：创造机会。每周或者每月跟父母一起做一件事，比如吃饭、逛街、打球、看电视等。

（2）换位思考。多站在父母的角度考虑问题，多体谅父母的心情和难处；不要跟父母顶嘴，不要气恼父母，一切以和谐和睦为相处的大前提。

（3）尊重理解。跟父母的观点发生分歧时，首先要尊重父母，理解父母，切不可一味地坚持自己的观点，要冷静地思考自己跟父母观点产生分歧的原因，然后再认真思考解决的对策，尽量做到双赢，达到求同存异的结果。

12

上班族健身训练须知

随着生活水平的不断提高，越来越多人加入健身队伍当中。对于上班族而言，下班之后去健身房锻炼是个很好的选择，但是务必要做好合理安排：在去之前，要做好一定的准备工作；锻炼之后，也有一些事项需要注意。

首先，忙碌了一天，下班后去健身要消耗很多的能量，所以必然要先补充一些食物，可以在去健身房锻炼前一个半小时进食几片全麦面包给身体提供足够的糖分，也可以在运动前半小时吃一根香蕉或喝一杯含糖的饮料，有效预防运动性低血糖。

其次，就是着装问题了。须准备一套专门的训练服，长裤加长袖或者短袖的T恤，在健身前更换好，切不可穿着平时工作时穿的服装就进健身房锻炼。

在锻炼之后，一身汗，不要急于回家，一定要休息5—10分钟，等自己的心跳平缓了，也不再出汗了，在健身俱乐部冲个热水澡，然后再回家。健身后的晚餐也是很重要的，但是务必要记住，在健身结束至少0.5—1小时后才可以进食。晚餐应避免进食如汉堡、五花肉等高脂肪食品，应进食如瘦牛肉、鸡蛋等高蛋白食品。另外，还要进食适量的蔬菜水果。同时，还要注意的是，晚餐过后至少1小时才能上床休息，以避免脂肪疯长。

有条件去健身房健身的话，效果自然会比较明显了，但是还是有很多朋友忙碌了一整天之后，不管是时间上还是经济上，都未必达到去健身房锻炼的条件，那么也可以选择在家健身。通过阅读一些健身杂志，或者访问一些专业的健美健身学习网站（如肌肉网），给自己规划一下在家健身的计划，只要方法对的话，也是可以取得良好效果的。

在家里健身锻炼，可以分几个时间段，一个是早起晨练，一个是利用休闲时间，如晚上下班回到家本来用来看电视的时间。在你健身的时候，务必要跟家人说好，不准打扰你。

在家健身，也不要随随便便穿着一套衣服就锻炼，更不要贪图方便穿睡衣锻炼，还是要换好健身服再锻炼，同时也要备好一双舒适的专门用于健身的鞋子，绝对不可穿着拖鞋锻炼。

家里要规划出一定的运动空间，添置一些健身器材，如哑铃什么的。如果家里不便放置健身器材，也可以练练瑜伽，或者跟着舞蹈视频跳跳舞，下楼去跑跑步，都可以。

如果觉得去健身房锻炼比较有动力，在家锻炼没有动力，那么就要靠家人或是朋友、同事督促了，以便自己能够坚持下去。

在家健身，还需要设立一个简单的短期目标，如“我想要一周内至少锻炼3天”，或者“每天要坚持做30个仰卧起坐”，等等。在完成第一个目标之后再考虑第二目标，也可以写健身日记记录自己的健身成果。

在家健身，可以变着花样多尝试一些健身项目，如塑身、普拉提、瑜伽、拳击等。

13

办公室健身的几个小方法

绝大多数人每天的大部分时间都在办公室里度过，如果可以合理利用办公之余的零散时间进行健身的话，效果也是杠杠的。

（1）良好的坐姿和站姿能够帮助我们预防背部疼痛，同时还可以使我们看起来更精神。

坐姿很重要，如果佝偻着背没精打采地坐着的话，整个人看起来就是一副颓样。所以，在办公室里，不管我们站着还是坐着，都要保持良好的姿势。站立时，双脚分开与肩同宽，重心落在两脚之间，双膝与脚踝在同一垂直面上，同时要注意收腹，保持骨盆向正前方；注意挺胸，胸腔下端微收，双肩与臀部在同一垂直面上；注意放松双肩，双臂自然舒适垂于体侧，掌心向内；注意保持颈部正直，下巴微收。

（2）在等待电脑启动的一点儿时间里，你也可以做做蝶式拉伸练习以舒缓颈部和肩部的紧绷感。方法如下：

首先以正确的姿势端坐，然后双手放于脑后，大拇指放于头骨下端，深吸气同时打开双肘，尽量向外侧拉伸，使自己能够明显地感受到肩胛部位的紧压感，以及胸部和肩膀前方的拉伸感；接着吐气，双肘向前摆动于脸颊前合拢；最后重复进行肘部的打开与合并的动作并深呼吸，保持这个姿势至少30秒。

（3）在忙碌的工作告一段落之后，可以通过以下一些小活动来锻炼身体。

一是叩头，即轻叩头部——刺激头部穴位。方法是：全身放松直立，双手用手指轻叩头部，从前额向头顶部两侧叩击，再从头部两侧向头中央叩击，50次左右。

二是搓面，即把搓热的手平放在面部，两手中指分别由前沿鼻两侧向下至鼻翼两旁反复揉搓直到面部发热为止。然后闭目养神，用双手指尖按摩眼部及周围，增加舒适感。

三是搓耳，即用两手食指、中指、无名指三指前后搓擦耳廓，一般以20次左右为宜，也可根据个人情况自定搓耳次数。

四是腹式深呼吸，即直立两手叉腰，先腹部吸气，停顿片刻之后再慢慢呼气，直到吐完为止，接着再深深吸一口气，反复十余次即可。

五是弯腰，即双脚自然分开，双手叉腰，先左右侧弯数次，然后再前后俯仰数次，最后两臂左右扩胸数次，次数可根据个人情况定。

六是散步，即在办公室内或办公室外轻松从容地来回踱步。切记要量力而行，做到形劳但不倦。

七是爬楼梯。可以根据个人情况爬几层或者十几层楼梯，活动筋骨。如果想要有长足的进步，可以循序渐进，每天要求自己多爬一层，但不可过于疲累，不可逞强。

一

14

如何远离亚健康

亚健康是身体健康的头号杀手，它是人体处于健康和疾病之间的一种过渡状态，临床通常诊断不出什么明确的疾病，但是人体免疫力低下，有疲劳乏力、精神不集中甚至紧张、情绪不稳定、记忆力减退、睡眠质量不好、食欲下降、易感冒畏寒、头痛目眩耳鸣、四肢关节酸痛、性功能减退等症状。造成亚健康的原因有很多，如个人不良饮食习惯、运动少或没时间运动、工作压力大节奏快以及环境污染等。

亚健康状态是身体发出的一个信号，提醒你该注意健康了。远离亚健康，从以下几个方面做起。

第一，饮食均衡，注意营养，粗细搭配，有荤有素，才能保证我们身体所需的各种营养成分，增强免疫力，使疾病无法近我们的身。

第二，充足睡眠，提神养身。人一生之中有三分之一的时间都是用来睡觉的。如果每天达不到8小时的睡眠时间的话，身体怎么可能保持健康呢？另外，熬夜是导致亚健康的直接原因之一，尽量做到晚上11点前进入睡眠状态。

第三，放松心情，释放压力。每个人每天都可能会面临一些压力，如果不懂得有效调节自己的情绪，放松自己的心情，有效地释放压力的话，长此以往，摧毁的必然是自己原本健康的身体。

第四，培养兴趣，拓展爱好。广泛的业余爱好能够使我们的生活变得多姿多彩，能够陶冶我们的情操，对缓解压力、释放抑郁情绪有很好的治疗效果，也是防止亚健康出现的有效方法之一。

第五，加强锻炼，增强体质。多锻炼，多参加户外活动，如爬山、郊游等，让身心得到全面的放松，以增强自身抵抗力，远离亚健康侵扰。

如果很不幸的，你的身体已经发出警报，已经出现亚健康症状，就需要通过以下几点进行调节。

一是清理身体的毒素。首先要彻底清理人体藏污纳垢的器官——大肠，多吃糙米、胚芽米和蔬菜、水果、地瓜等含纤维素的食物，将大肠陈腐的宿便清除。

二是尽量少吃药少打针。“是药三分毒”，我们要尽量遵循21世纪的养身法则：自然养生、自我保健、自我治疗、天然食疗、家庭理疗，尽量少依赖药物针剂。

三是清理肝胆垃圾。净化肝胆，能够改善内环境，提升器官功能，使人精力旺盛、体力充沛、思维敏捷、睡眠良好、不易疲劳，还可能会使一些慢性疾病不治而愈。

四是清淡饮食，不吃或者少吃油腻辛辣的食物，不沾烟酒，忌饱腹。

15

如何保持心理健康

世界心理学专家麦灵格尔是这样定义心理健康的：人们对于环境及相互间具有最高效率及快乐的适应情况。也就是说，要保持心理健康，必须要同时满足三个条件：一是要有效率，二是要能有满足之感，三是要能愉快地接受生活的规范。下面介绍四个途径助你保持心理健康。

第一个途径是提高认知能力。人有自创能力也有自毁能力，只有提高自我认知能力，才能够摒弃自毁能力而将自创能力发挥到极致。那么如何提高自我的认知能力呢？首先是给予自己高自尊，使自己具有较强的主动性和自觉性。有研究发现，自尊心高的人自我感觉良好，在遇到困难时，能够坚持不懈地努力。其次是勇于认错。人无完人，任何人都有做错事的时候，做错了事一定要勇于承认，及时改正并督促自己决不再犯。最后就是敢于接受失败。失败是积累成功经验的有效方法之一，一次的失败并不等于永远的失败，只有接受了，放下了，然后调整方向，继续奋勇向前，才有可能将成功握在手心。

第二个途径是提高社会交往能力。要有效地提高社交能力可从两个方面入手：一是提高对社会情境的辨析能力，二是提高对其他人心理状态的洞察力。社交环境瞬息万变，交往的对象亦有不同的特质，我们只有努力去适应不同的社交环境，去洞察不同的人物心理，才能够区分出情境或是人物的细微不同之处，以迅速地掌握其中的变化，最终做出适宜的行为举动。

第三个途径是加强有助于心理平静的活动。一是可以加强体育锻炼，如跑步、做瑜伽、举哑铃等。这些运动不仅能够加快我们的血液循环，改变我们的新陈代谢，同时也能够安抚我们的心灵，使我们保持内心的平静。二是可以多开展些业余活动，如读书、写字、画画等，让自己全身心都达到放松状态，渐渐地，心中自然就会保持一份宁静了。

另外，也总结了四条保持心理健康的方法供大家参考。

一是当心情郁闷、苦恼时，可以跟自己的知心好友谈谈，即使对方给不出解决方法，但谈一谈，将心中的郁结倾诉出来，就是一种很有效的心理治愈方法。

二是受刺激遇挫折时，尽快选择离开所面临的情境，想办法转移自己的注意力，让自己静静地调整和恢复心中的平静，默默地填平心灵的创伤。

三是学会宽容待人，对人要谦让，多替别人着想，多做好事，这样会使自己的心更安定更满足。

四是做事要有始有终。当很多问题同时出现时，要从简到繁，从难到易，逐个解决。切记：做事不可急躁，很多事急不来，要有耐心。

16

如何保持一份好心态

（1）学会调节。通过最简单有效的心理暗示法来调整心态，即用积极的心理暗示来替代消极的暗示，如当你觉得自己快要熬不住时，你不能对自己说“完了，我熬不住了”，而是要对自己说“再坚持一下就胜利了”。而且，要经常对自己说“我能行”“没问题”，尽可能地将这两句话变成口头禅，时刻提醒自己要阳光看待一切人和事。

（2）学会宽容。仁者无敌，欣赏别人，宽容别人，自己的心境也会跟着宽阔起来。一个胸怀宽广、执着进取、思想积极的人，必然能够时时保持良好的心态，拥有美好的人生。

（3）不攀比，只做最好的自己。攀比风吹来的虚荣心会使人出现负面情绪。要知道，一山更比一山高，不要跟别人攀比，不要去企望自己无法到达的高度，只安心做好自己，一天比一天进步一点儿就好。

（4）正确看待得与失。人人都追求成功，但是并不是人人都能够获得成功。在遭遇失败的打击之时，不可气馁，不可绝望，失败乃成功之母，只要将失败当成成功的基石，终有一天会收获真正的成功。

（5）正确看待别人的评价。评价有好有差，受到好评不可骄傲自满，要继续努力，争取做得更好；受到差评时也不要泄气，不要失望，要勇于接受，善于改正，必然会获得长足的进步。

（6）学会发泄。遇到不顺心的事，不要憋在心里，或找朋友倾诉，或跟家人聊聊，或者通过听音乐、看电影的方式转移注意力，甚至可以找个空旷无人的地方大喊大叫，等等。

（7）学会拓展自己的兴趣。闲暇时看看书、写写字、养养花、种种树什么的，让自己的生活尽量充实起来、忙碌起来，以避免没事做的时候胡思乱想而影响自己的心情。